U0168841

[美] 维托利奥·赫斯勒 著

邢长江 译

生态危机的哲学

莫斯科讲演录

生活·讀書·新知 三联书店

图书在版编目（CIP）数据

生态危机的哲学：莫斯科讲演录／（美）维托利奥·赫斯勒著；
邢长江译. —北京：生活·读书·新知三联书店，2021.8
ISBN 978 – 7 – 108 – 06524 – 7

Ⅰ．①生…　Ⅱ．①维…②邢…　Ⅲ．①自然哲学　Ⅳ．① N02

中国版本图书馆 CIP 数据核字（2021）第 036379 号

责任编辑　李静韬
装帧设计　薛　宇
责任印制　徐　方
出版发行　生活·讀書·新知 三联书店
　　　　　（北京市东城区美术馆东街 22 号 100010）
网　　址　www.sdxjpc.com
图　字　01-2018-7861
经　销　新华书店
印　刷　河北鹏润印刷有限公司
版　次　2021 年 8 月北京第 1 版
　　　　2021 年 8 月北京第 1 次印刷
开　本　787 毫米×1092 毫米　1/32　印张 6
字　数　100 千字
印　数　0,001 – 5,000 册
定　价　59.00 元

（印装查询：01064002715；邮购查询：01084010542）

汉斯·约纳斯——

智慧的人

忧心忡忡的告诫者

伟大的思想家

如果没有他

那么就不会有承担着实践责任的

生态危机的哲学

子贡南游于楚，反于晋，过汉阴，见一丈人方将为圃畦，凿隧而入井，抱瓮而出灌，搰搰然用力甚多而见功寡。子贡曰："有械于此，一日浸百畦，用力甚寡而见功多，夫子不欲乎？"为圃者仰而视之曰："奈何？"曰："凿木为机，后重前轻，挈水若抽，数如泆汤，其名为槔。"为圃者忿然作色而笑曰："吾闻之吾师，有机械者必有机事，有机事者必有机心。机心存于胸中则纯白不备。纯白不备则神生不定，神生不定者，道之所不载也。吾非不知，羞而不为也。"

《庄子·天地》

目 录

译者序

　　关注自己所处的周遭世界可谓是人最为基础的本能之一，人们都会随时关注环境，并且及时对周围的变化做出回应。而生态环境，是全人类不得不共同面对的一个"周遭世界"和"环境"。毕竟，我们只有一个地球，我们呼吸同样的空气，我们共享大循环中互相连通的水源。生态环境的变化牵动着整个社会的神经，这是我们无法逃避的宿命。而生态环境的破坏，甚至是由此带来的生态危机，都逼迫着我们必须给出积极的应对。

　　确实，全世界范围内的环保运动已经风起云涌，各国相继出台相关政策和法律并努力贯彻，人们也日渐意识到绿色生活方式的重要性。但是不得不说，仅在生态领域做出这些现实的、具体的改善又很不够。众所周知，随着生态、环保的实践逐渐扩展到社会生活的各方面，实践中遇到的问题也越来越棘手。事实上，甚至产生了更多的迷茫，引发了更多的猜忌：我们真的面临生态危机吗？我们有必要改变长久以来的生活方式吗？我们采取的这些措施真的有效吗？环保实践的合理性何在？这些都是我们在试图保护生态环境时通常会面对，也确实需要回应的质疑。否则，对生态危机的一切现实应对都只能是盲目的，只不过是诉诸人最基础的本能。

因此，正是在这个意义上，提出"生态危机的哲学"的理念是必要的。因为哲学正是在关注周遭世界的基础上，才能深入地做整体性的理性反思。它从根本上能够补足生物本能和现实行动的缺失，能够对后者起到引领作用。这本《生态危机的哲学》就有志于做这种有意义的哲学回应。

本书的作者是著名哲学家维托里奥·赫斯勒教授。赫斯勒教授年少成名，与伽达默尔、阿佩尔和汉斯·约纳斯等著名哲学家皆有深厚交往。从个人特征上看，赫斯勒接续了德国哲学厚重大气的传统，自觉把柏拉图、维科、康德、黑格尔等大家的哲学主张化作自身的思想资源，是当世少见的百科全书式的古典学术大家。我曾经有幸跟随他学习德国古典哲学，常见他拿着希腊文的古代作品边读边译，也曾在芝加哥美术馆中听他侃侃而谈，因此长久以来都希望能向中国读者介绍他众多的哲学著作。但是没有想到，一天上课前，他送给我一本亲笔题赠的《生态危机的哲学》，并表示期待我能够把它译成中文。他告诉我，相比于其他纯粹形而上学的皇皇巨著而言，他更加看重这本篇幅不大的作品，因为它代表了哲学这种象牙塔中的学问对现实世界的关怀，是一项更加紧迫的事业。

《生态危机的哲学》是赫斯勒1990年受苏联科学学术研究院哲学所之邀到莫斯科所作系列讲座的合集。为回应当时俄罗斯面临的历史剧变，在讲座的开篇，赫斯勒并没有直接切入生态问题的讨论，而是深入分析了"冷战"后世界的政治现实。随后他又把这一主题提升到哲学反思的维度，并提出警示：一切以政治为指归的思考方式本身是成问题的。它自动屏蔽了政治困境之外更为急迫的议题，即生态问题，从而有意无意间回避了生存论和价值论层面人类必须遵守的责任。

赫斯勒在讲座中还进一步探求人类沉沦到深重的自我毁灭困境中的思想根源。在他看来，眼下的生态危机并非一个尴尬而又可以侥幸避免的现实问题，而是一个根植于现代性文化逻辑之中的思想事件。现代性的经济发展和资本逻辑之所以会把自然看作异于人的对象，它导出的消费主义之所以会得到无条件的认同，是因为现代性的根本逻辑在于自然与人之间的二元对立，主体性被放在无可置疑的中心地位。赫斯勒指出，生态问题的关键在于我们如何从整体上看待世界，在于我们如何思考。

针对表现为政治乱局和生态危机的现代性难题，赫斯勒希望做出一个非常哲学化的观念论的解答。遗忘、放纵和沉默、压抑都是非哲学化的生存方式，而哲学的本质在于迎难而上，发出自己的声音。应从思想的根本的维度出发来重新寻找适合的方式，以此调整自己的行为。未来，必须从根本上使人类与自然共生、共存，最终需要达到的目的是人的思维和行动都被置于整体性的视野之中，进而使人类全部的生活世界都与"存在的整体"（das Ganze des Seins）同构，而不被破碎的视界和偏执的兴趣所割裂（本书第XV页）。赫斯勒暗示，相较于思想上的退缩和复古，他的客观观念论（objektive Idealismus）是一种更好的对待传统的方式：一方面它与现代流行的主观观念论不同，它不认为真理和实在仅仅是我们个人主观设想和构思出来的东西，而认为它们是客体和自然向人的呈现；另一方面，客观观念论又不同于任何一种前康德的独断论形而上学，它主张客观和自然呈现在一个自我反思的、人类精神逼近自然的观念论进程之中。因此，就这两端而言，在客观观念论的内部，主客观之间、"天"与"人"之间能达到统一。值得注意的是，赫斯勒认为他的这种思路与中国古代的思想传统有高度的契合之处。比如，书的扉页上就全文引用了《庄子·天地》中"子贡南游于楚"一节，提示了整体的自然观对"机心"的超克是回应生态危机的关键。再比如他一再在演讲中强调，中国古人没有发展出现代的量化思维，并非因为他们的智慧不够，而是因为其朴素的天人合一的整全世界观。

当然，赫斯勒本人并不愿意成为把所有现实问题都回溯到形而上学的"纯粹哲学家"。相反，在后面三次讲座中，他依据客观观念论的体系蓝图，在现实政治安排、法治配套和社会建构等方面都提出一些切合实际的建议。他谈到面对生态问题时，精英和大众扮演的不同角色，谈到领袖的魅力和号召力在实务中起到的作用，也谈到较高层次的法益和较低层次的法益之间的权衡问题。而这些都使得他的思想变革的构想颇具现实关切。

毫无疑问，赫斯勒的《生态危机的哲学》的整个论证过程经历了一条相当迂回曲折的思维路线：从现实政治到生态问题，从生态问题到哲学思辨，从哲学思辨再回到现实政治。这种奇特的迂回使本书不仅不同于一般的关注环保议题的著作，也使它与教授本人的其他作品呈现迥异的风格。这一方面说明了，在现代社会这个各种因素深度交融的关联系统之中，任何类似生态危机这样的单独的社会议题都离不开与之相关的一连串其他事务的参与。另一方面，赫斯勒也通过这种方式示范了"何为整体性思维"——当代人必备而又极为稀缺的思维能力。他指出，相对于生态危机，更为危险而又急迫的危机是我们知识体系的危机。现代性的学科建制的一大特征就是条块分割、层层叠叠，这使得知识分子不仅难以自如地面对眼下的这个成体系的庞大威胁，而且会消解依附于这个过分精巧的学科建制之下的每一个人肩膀上的道德责任。回看当代的古典学和人文学科的教育，又过度沉溺于繁文缛节、考据雕琢，所以更加不堪大任。赫斯勒甚至呼吁人们注意，"生态危机的哲学"本身是一种完全不同于现今一切学科的新理智门类，它本身就是一种需要长时间培育的跨学科、成体系的学问。由此细心的读者会发现，赫斯勒最初用一把锥子点破当下迷雾中的种种危机和幻象，但最终他又展开一张挂满扣结的理性主义的大网，让人耐心求解。

对我个人而言，这本书在很大程度上改变了我对哲学的认识，以至于当我翻译完全书，坐下来重新省思的时候，能够更加理解赫斯勒教授的人生旨趣。无论从哪个角度来看，赫斯勒教授在学院中都是一个令人钦羡的天才、学术传奇：在21岁，当大多数同龄人刚刚获得学士学位的年纪，他却凭借哲学、古典学和梵文领域的初步成果获得了博士学位，他的博士论文《黑格尔的体系》至今仍旧是黑格尔研究领域的经典著作。他在圣母大学校刊的访谈中曾坦言，求学过程中他考虑过中途放弃，转而去做医生或律师。因为他和大多数哲学求学者都发现，当代哲学越发成了一种求生的技艺，它主动放弃了与现实世界的关联，也放弃了提出和解答急迫而又宏大的问题的权利和责任。赫斯勒最终仍旧选择继续从事哲学工作，是因为找到了他追求的学术志趣，即广泛地了解世界，去治疗和求证——为了他潜在的"患者"和"法律委托人"。在这个意义上，他真正实践着一种"作为生活方式的哲学"，这种对待哲学和人生的态度，在我看来是值得追随的。

很想念每次课后与他一起步行回家时的"闲谈"。

邢长江
2021 年 1 月

中文版序

我怀着极大的喜悦和骄傲的心情欢迎这本书的中文版问世。即使这本书是我在 1990 年的莫斯科用德文写成——这本书已经以德文、意大利文、俄文、克罗地亚文、韩文和法文（部分章节以荷兰文和西班牙文）出版，但是我相信，它早在三十年前就掌握了生态问题的一些基本的标准坐标。今天，我们对各种形式的环境降级和环境破坏有了更好的理解，碳中和能源（carbon neutral energies）也得到了极大的发展。但是我们的问题仍旧没有减少，相反，相比上一代人，这些问题变得更加严重了。这部分是因为世界上的人口在增长，部分也是因为我们的需求在增长，以及许多之前属于所谓"第三世界"的国家惊人的经济成长。这种成长是令人敬佩的，中国成功地让数亿人摆脱绝对贫困这一点尤其具有历史意义。

但是，这种成长必须是可持续的——它必须要保证未来的世代能够从中受益。如果中国能够比西方国家更快地完成从碳基经济（carbon-based economy）到其他能源的必然过渡，那么这将是一件大好事。至少，所有那些看到了西方是多么缓慢地进行必要的改变的人，自然会有这样的愿望。我希望，中国这个古老、伟大且在今后的数十年中将变得越来越强大的国家，能够成为一个可持续发展方面的领导者。如果这本书能够给政治家和工程师们一些启示，使他们把自己的工作放到一个道德的语境之中，并且理解哪些思维方式的深刻改变导致了生态危机，以至于我们必须要把这些改变扭转过来，那么我最大的希望就得到满足了。

借此机会，我想感谢邢长江先生的翻译。从许多的讨论当中，我知道他对于我的哲学思考有很深的理解。我十分感激他所做的工作。

2020 年 5 月 29 日

德文版序

1990年4月，我受我所尊敬的同事耐莉·莫特罗希洛娃（Nelly Motroschilowa）教授的友好邀请，在苏联科学学术研究院哲学研究所进行了一系列讲座。而以下的文章就是讲座的讲稿。在那次讲座之后的5月和6月，我又作了五个关于现代形而上学本质的讲座。这十篇在莫斯科演讲的讲稿不久之后由安德烈·苏达科夫（Andrej Sudakov）先生翻译为俄文面世。在此，我想衷心感谢耐莉·莫特罗希洛娃教授和特拉马蕾·德路伽茨（Tamara Dlugatsch）教授特别热情的招待。我还同样感谢"伦理、教育和管理协会"的贝克（Becker）女士和格温（Gwynne）女士为此书问世所提供的帮助。

我决定用德文发表这些生态学演讲的原文，即使它们原本是为苏联的读者而撰写的（而且还明确地提及这个伟大国家历史中的一个特定的时刻），即使它们很大程度上只能被当作入门引导性质的演讲。但是，这些演讲在某种程度上也可以拿来作为研究计划；而德国读者也许也和当时在莫斯科研究哲学的人们一样，对这些演讲感兴趣。因为这些演讲的想法虽然源自我 1989—1990 冬季学年在乌尔姆大学举办的关于技术哲学的讨论班以及我与图宾根旧友的讨论；但是，由于苏联的同事和学生给我提出了无数宝贵意见，所以这些想法才在与他们的对话中首次获得了完整的表述。在我看来，恢复德国传统文化的中心位置，是德国重新统一之后的最为重要的文化政治使命之一——我们必须铭记，东欧曾经做出且现在仍旧在做着多么有意义的文化贡献；（就整体而言）东欧和（就具体而言）苏联恰恰为德国的知识分子提供了一个储备精神和道德力量的宝库。对于这一点，不管我们如何强调也不会过分。没有苏联，在这些演讲中涉及的严峻的世界问题将无法得到解决；而如果这本小册子可以被理解为一种对这种德国与苏联之间日益深化的精神关系的表达，那么我将对此感到骄傲。

导论

出于各种原因，1990 年在莫斯科的关于生态危机的哲学演讲看起来都可能是荒唐的。首先，这个主题看起来就是有问题的：无可否认，生态危机是一个急迫的政治问题，但是哲学与它有什么关系呢？哲学当然不能预测气候灾难是否可能发生。类似地，如果要让哲学在使某个技术更加环境友好或环境不友好这个过程中扮演某种角色，那么哲学也恐怕会不堪重负。当然，生态危机一定与不同的学科有关——包括化学、生物学、地理学、工程科学、社会学和政治学——但是为什么它也与哲学有关呢？如果哲学把这一领域出让给与之竞争的单个学科，并且自己专注于从未听说生态危机的哲学的传统学科，那不是更好吗？而且，即使从理论上说，这样一个新的学科是有意义的，可为什么要在莫斯科——尤其是在 1990 年的春天——发表以下这些初步的、发散性的思考呢？身处危机之中的我的听众们想从一个西方的哲学家那里听到的，难道不是他从世界历史的角度出发对 1989 年这革命性的一年的看法吗？——毕竟，因为东欧剧变和马克思主义这一最具历史影响力的、哲学的现代合法性体系遇到了明显的挑战，所以这也许是后"冷战"时代的最有意义的一年。

至于最后一个问题，我可以事先向你们保证：对于 1989 年的历史哲学的反思事实上会在后文中扮演一个特定的角色。可以说，1989 年是欧洲历史甚至世界历史上的一个转折点，即使我们还不知道事态如何发展，也不知道这对人性而言是好是坏——因为好或坏（甚至是后者）都是可能的。但是，如果我们从一个全面的历史哲学的角度——即超越未来几年的直接任务（比如对德国问题的处理，或更为重要的苏联的宪政改革）——来澄清事态可能发展的模糊方向，那么我们就可以对此有更好的理解。更别说，如若不对生态危机有所思考，那么这样一种澄清也就是不可能的。即使在 1989 年的秋天之后，我们还是不能放松这种对生态危机的思考。因为与之相比较，即使是欧洲的权力分配也只能算是一个第三重要的问题。生态灾难是不久之后将会爆发的劫难——尽管为了避免这一劫难而用尽全力，尽管用了各种策略去延缓与抑制这种劫难，现在的大多数的人都已经确信这一点；它构成了更为发达国家中的年轻世代之所以有如此的人生态度的深层次原因。一方面，养成如此态度的过程确有其讨嫌之处——因为这很容易只会使人变得听天由命和漠不关心，更坏的是，这甚至会让大众沉湎于狂热的享乐主义中，并且会让知识分子染上一种病态的犬儒主义——即只会满足于看似必然的东西，限制自己不要贪婪到在世界这杯水倾覆之前想要去喝光它的最后一滴。但是另一方面，这种危险一定不能被用于为压抑和向深渊的直接沉沦做合法性辩护——对于任何人都是如此，对于哲学来说更是如此。压抑并不能与哲学共存。因为哲学不得不与真理相关，它不与这样或那样的正确性相关，而只与存在的整体（das Ganze des Seins）相关，并且在这种存在的整体之中，人——作为我们所知的唯一能够听到道德法则之声音的自然存在者——占据一个特殊的位置。哲学必定不能漠视其命运。如果当某一个民族自身的命运、人类的命运和活的自然之大部分受到威胁的时候，没有任何一个伟大的哲学家——特别是在形而上学领域（即最高的原则的理论）中登峰造极的那些人（柏拉图、亚里士多德、朗基努斯、库萨的尼古拉、费希特）——能够坐视其时代发出的呼救而不顾，因为这种冷漠背叛了哲学的职志。

人的尊严在于人承担起了某种超越自身的东西，正因为有人的尊严，人的可能目的才会是，他绝非仅与其自身相关的东西。就算没有自然灾害，人这个物种确实也可能因为其自身的原因——即把绝对的东西亵渎到无以复加的地步（当然这足够可怕了）——而集体走向毁灭。

而即使哲学作为一种有限的存在者把握某种绝对的东西的尝试，也面临着与人相同的境况（conditio humana）。因为对哲学来说未来仍旧是晦暗不明的，而且也不能对现实发生的东西有所认识，但是唯有这种亵渎的可能性本身才能使人对人的本质及其信靠的绝对的本质有新的理解：末世的可能性不会对人类学和形而上学毫无影响。① 当然，这种可能性已经抽象地存在于那种使人与动物区别开来的、对自然的直接统一的否定之中了；但它已经成为 20 世纪的一个现实的危险。因此，一种生态危机的哲学必定在人类文化的历史－哲学框架之中占据一席之地。

人类为何会以我们今天看到的方式危害他们的星球

---

① 本演讲不处理形而上学的问题；我会在我另一本书（*Die Krise der Gegenwart und die Verantwortung der Philosophie. Transzendentalpragmatik, Letztbegründung, Ethik*［《当代的危机和哲学的责任：先验语用学、最终的证明、伦理学》］，慕尼黑 1990 年版）中处理这些问题。

呢？在此情形之下，我们还如何理解进步的理念？自19世纪以来，人们越来越把经济和技术放在首位，而这恰恰在此问题上扮演了一个决定性的角色——很明显，如果没有技术和经济的哲学，那么生态危机的本质就不能被把握。在经济和技术的思维方式大行其道的背后，存在着特定的、与现代形而上学规划相关的思想史的抉择，而这一点当然不容易被人看出来。看出这一点，正是海德格尔的不朽之功，[①] 而在他之后，元哲学和科学哲学才被置于生态危机的哲学之下。

但是生态危机的哲学不仅要构建一个关于危险及其来源的形而上学维度。如果哲学承担起了促进发展的共同责任，那么一种理论上的自我设限恰恰将会是不负责任的。在一个冰封的湖上，脚底的冰面有裂缝，这时候只认识到自己身处何种危险是不够的。人们还必须要找到脱离险境的方法。即使大雾弥漫，哲学可能还是希望通过散发的光芒来找到湖岸让人脱困。哲学也许可以指明人们必须继续前进的方向，如果它指明的仅仅是不要再向前了，那么这条暗示着回头的路就不应当是我们未

---

① 海德格尔，《世界图像时代》("Die Zeit des Weltbildes", 1938)，出自《林中路》（*Holzwege*），法兰克福1977年版，第75—113页，中译本上海2004年版，第66—99页；海德格尔，《对技术的追问》("Die Frage nach der Technik",1949)，出自《技术与转向》（*Die Technik und die Kehre*），普夫林根1988年版，第5—36页，中译本北京2005年版，第3—37页。

来发展的方向。

因此，生态危机的哲学除了有理论的部分之外，还有一个实践的部分：汉斯·约纳斯（Hans Jonas）的不朽之功就在于对海德格尔做了如此的扩展，而这使约纳斯得以跻身大哲学家之列。[①] 尤其重要的是，约纳斯关于生态危机的实践哲学不仅讨论伦理学，而且还讨论政治哲学——因为仅仅通过单一的伦理学公理是不能解决生态问题的；讨论必然具有政治哲学的后果。但是，可惜他的进路没有对那些与生态相协调的经济改革有所反思——如果我们时代的本质是由经济决定的话，那么在1980年代被提出的经济改革就必定具有某种特殊的意义。

但是，如果相信只要通过经济政策的手段就可以解决生态危机，那就大错特错了。如果生态危机深植于导向特定价值和范畴的抉择，那么不改变那些价值和范畴，就不会有真正意义上的改变。自然概念也许必定处于这种范畴转换的核心位置。人与自然的关系将必定不能被大部分现代哲学和科学所决定。也就是说，当人们需要重新选择道路的时候，就会面对在思想上倾向退步或者

---

① 汉斯·约纳斯，《责任原理：技术文明伦理学的尝试》（*Das Prinzip Verantwortung. Versuch einer Ethik für die technologische Zivilisation*），法兰克福1979年版，中译本上海2013年版；《物质、精神与创造》（*Materie, Geist und Schöpfung*），法兰克福1988年版。

放弃一些无法反驳的现代洞见这样的危险。并且，人们不能否认的是，一些关注生态的思想家——特别是海德格尔——就深陷于这种危险之中。（退步越是激烈——如果要从笛卡尔退回到古希腊，甚至是《旧约》中的上帝概念——，人就会越早做出错误的选择。）但是这一切都没有改变这一事实，即当前的发展可能并非永续的，以至于必须选择新的道路。在我看来，我们的时代似乎最缺少的就是一种能够联结理性之自主和自然之独立尊严的自然哲学。

在对生态危机的哲学做一番概览之后，我们可以发现，生态危机的哲学受益于大多数的（如果不是全部的）哲学门类——比如形而上学、自然哲学、人类学、历史哲学、伦理学、经济哲学、政治哲学、哲学史的哲学。一方面，这可能会有点奇怪。而事实上毫无疑问，问题的这种复杂的进路会使得我们在解决这些问题的时候变得尤其困难，也许这正是人们忽视这一学科的原因之一。但也正是因为人们忽视这一点，才有可能会得出新的洞见，所以这种忽视恰恰是吸引人的。许多不同的哲学学科交织在生态危机的问题之中，令其明晰变得充满希望。因为哲学不仅关注存在的整体，它还与知识的整体相关，并且通过思考这些要求多层面之进路的问题，它会期待重新建构起知识之统一性的理念。如果知识的碎片化是哲学式微和当今的生态危机的原因之一，那么唯有人们认识到，一种整体的教育——它把自然科学和社会科学的知识以平等的方式协调起来——能够使人成熟，进而有助于应对这种危机，同时哲学也能够以理论的穿透力和实际上对生态危机的解决来直接地帮助具体科学。因为通过把握具体科学在知识整体中的位置，把握其当下样态在思想发展史中的历史位置，哲学可以使它们互相衔接起来，并且发现它们的局限及其引发的新的问题。若非如此，我们就不会找到问题的答案。从字面上看，生态学是关于家园的学说，从人所居住的各种各样的物理的家园那里，它看到了最为宽广的空间，即我们的地球，那个如今使得自然与文化元素紧紧地统一在一起的地球。就人的理念化的家园而言，存在的整体是包容万物的，它是哲学的本质，而理念化的家园崩塌了，那么尘世的家园也会毁坏。不可或缺的，也许甚至是最为重要的具体的生态技术——属于具体科学的研究领域——将会在不远的未来出现。因此，从长远看，只有重新建构一个理念化的家园——为技术文明中的人类重新获取一个形而上学的家——才能让我们的星球这个家园存活。

第一章　作为新的政治范式的生态学

在这几个月里，在你们的国家，人们能够特别深刻地感受到，何为道德 – 政治的范式转换[①]。至少数十年来，官方认定为正确的信念动摇了。由于这里牵涉的信念，不是知识系统中被推导出来的信念，而是处于基础地位的信念。所以对它的质疑也就导致了整个思想大厦的坍塌。而当科学革命使结果限制了理论性的东西的时候，一个政治的范式转换也把现实制度引向崩溃。一方面，在这个大崩溃的过程中，发生了某些伟大的解放性的变化。随着高墙的倒塌，旧日被高墙锁闭的人们抬头看到了天空。在之前只能隔着大厦窗户才有可能的对于现实的洞察，变得愈加深入和全面。现在人们不仅能更加准

[①] 科学的范式转换学说基于：托马斯·塞缪尔·库恩，《科学革命的结构》（*The Structure of Scientific Revolutions*，英文，1962 年版），中译本北京 2004 年版。

确地看到之前显得不确定的、影影绰绰的事物，人们甚至部分认识到此前从未关注的现实。

在某方面，如此情形让人想起春天。那个时候，冬天的坚冰融化了，融雪下新的生命苏醒过来。在另一方面，如此情况让我们想到童年。那个时候，世界还是那么鲜活。但是，那个从残破的思想大厦走出且摆脱了其思想钳制的人，不再像在童年时那样，不知道自己的权利（他们开始像之前那样，通过记忆意识到这些权利）。他们充分地向自己证明了，这一本身有精神上的新生意味的事件是多么伟大。而当它 ① 不再是一个孤立过程，而是整个文化都参与其中的时候，当揭示新事物的经历与共同体的经历相互联系的时候，这种新的觉醒（Aufbruch）也就变得愈加迷人。

另一方面，这一事件的主体间的维度又意味着特殊的危险。是的，即使不考虑这一维度，而只是做冷静的考察，我们也可以清楚地知道：一幢思想大厦的崩塌并不只是一件好事，尽管在感受到解放带来的鼓舞的时候，人们很容易忽视这一点。首先，封闭的思想大厦的崩塌通常会在精神上杀死（至少是伤害）那些没有成功地及时逃脱的人。一些虽然活下来，但是却没有办法丢掉旧习惯

---

① 即从残破的思想大厦中解放出来的活动。——译注

的人，将会仍然试图逗留在断壁残垣之中。但是，那些成功逃离和那些毅然决然地回到断壁残垣中的人们面临的任务，则是在别的地方找一个安身之所。人们可以露宿街头一段时间，但是当遇到新的现实从而引发丰富的洞见的时候，如何组织这些洞见也便很快成为问题。是的，即使仅仅为了把这些洞见保存起来，在某种意义上说，也需要一个精神的仓库。交流的需求，使得建构一个新的普遍联系的范畴体系显得越发必要。当然，在一个如此封闭的房子里，这种交流经常具有足够荒诞的形式。人们假装接受某种长久以来确定的原则，虽然这些原则早就被人们丢到一边，并且人们清楚地知道，参加交谈的人在精神上也不接受这些原则。人们互相对这些原则进行庄严宣誓，而每个人都知道——但是没有人说——皇帝没有穿衣服。这成为一种交流的礼仪，而人们都曾经必须参与其中（真是不可不谓"恐怖"）。不过，这场演讲的任务，不在于对已经倒塌的房子中的交流形式做现象学的分析——这无论如何不是我这个外国人应当做的（我可以向你们保证，西方也知道这种礼仪）。除了那些腐败的颂扬和节日表演之外，我在这里唯一感兴趣的是不与特定原则之真理相关，而是与诉诸这些原则的合目的性（Zweckmäßigkeit）相关的基本共识（亦即一种促成交流的基本共识）。随着老房子的崩塌，这种基本共识消失了，而在一幢新房子被建立起来之前，人们也发现不了一种新的基本共识。现在，哲学尤其对在一幢房子的崩塌和一幢新的房子建立起来之间的状态感兴趣，并且这种状态具有的精神魅力也许能够抵消必然给它招致的危险。一方面，这种状态对于哲学发展来说尤其有利：如果哲学必须与我们的知识的原则相关，那么一个质疑其原则的时代就必定能够对哲学形成支持，给予启发，并且我衷心希望，也有理由希望，你们国家——它现在是如此欢欣鼓舞、充满活力——能够对世界哲学做出重要贡献。另一方面，众所周知，在这个旧的司法体系式微，而新的司法体系出现（Aufgehen）的破晓时刻，你们的国家还面临着非常多的社会和政治危险。保守派们对这种危险具有的特殊意识也揭示了看似矛盾的事实：即在西方最为激烈地反对布尔什维主义的人，现在却时常因为那些他们一直在呼吁的改革得到急切的贯彻而感到害怕。毕竟，当基本共识不再存在，且暂时建立不起来的时候，那么人们要团结一致行动就极为困难。而不管是离心力，还是相信单一原则下的权利只能通过残忍的暴力才能得到保证的力量，都在呈指数级增长。因为共识和暴力是社会中的一对负相关的稳定系数：共识越多，暴力越少；反之亦然。在没有达成一个新共识的地方，必然会导致一个转向暴力——转向革命，也时常转向反革命——的范式转换。

不过，对你们国家在精神所处的彷徨摇摆状态做出的这种简单描述，又与真实情况多少有些矛盾，毕竟真实情况完全不是如此戏剧化。就算一幢房子倒塌了，甚至也不需要建新的房子：因为旧房子空出来了，反正只不过是要找一个地方落脚而已。东德的选择或多或少说明了这种信念。的确，在我看来，精神上与西方完全接轨并不对所有（我可能应该说：过去的）华约国家有意义。也就是说，从实践的角度来看，并不需要有这种精神上的完全接轨。虽然那些在第二次世界大战期间或之后成为斯大林主义的牺牲品的国家，会不伤民族自尊心地把过去的四五十年当作一段失去的岁月一笔带过，并且将此归罪于苏联的解体——他们当然会抱怨，是重获的自由使它们有这样的转变。你们国家下大力气，努力把自己变得像西方国家，对此我不无担忧，表现在如下三个方面：

第一，你们的民族自尊会在很长时间内遭受挫折——而这个过程会导致众所周知的危险。尽管极端民族主义——即把自己国家的利益绝对地置于其他国家的合法利益之上——在道德上应当受到谴责，并且在政治上十分危险。但是毋庸置疑的是，唯有爱国主义（即它必须像过去那样是一个普遍国家［Universalstät］）才可以激发人们共同对自己的特殊利益进行超越，而如果没有这种超越的话，那么现在面临的第一个危险就不能被克服。世界并不需要意志消沉、哭哭啼啼、逆来顺受的国家。如若一个大国的领袖处于如此难堪的心理状态之下，那么这个国家的政治将会变得完全无法预料，且包含巨大的风险。此外，从中期来看，民族自尊的丧失可能会在20世纪的剩余时间内演变为一种沙文主义。

我担心的第二点是，你们会模仿西方的哪些方面。你们可能看到了在西德流行的一幅残忍的漫画。画面上一个阴险模样的男人走到他妻子的卧室中，说："我们去商场吧。"他妻子奇怪地抬起头来，问道："为什么？我们不缺啥呀。"男人回答道："去瞧瞧东德人吧。"

有人怀疑，东方集团国家的一些公民之所以涌向西方，主要是因为他们想要尽快地把自己的消费水平提高到与西方一样，而把精神自由的需求放到后面。事实上，这种怀疑并非空穴来风。一方面，这种想法很可以理解，另一方面，人们也会担心一切其他的价值都会因此而成为牺牲品。东方集团国家主要是在模仿西方国家的恶习，这使得他们国家的大多数公民和第三世界的上层阶级成了那幅讨厌的漫画中的普通西欧人。他们的需求越来越多，又不能得到满足，而这毫无疑问是极为危险的。这不仅仅是危险的，因为维护自身尊严的努力（它必然导致人们依赖于他们自身无法满足的需求）却最终得到道德败坏的后果。

如果地球的生态不被完全破坏，那么西方式生活标准就不可能达到，不得不说这是一个危险（除此之外，在这种情况下，由于绝对命令，一个简单但是令人吃惊的命题随之而来，即西方的生活水平并不道德——对此，我将会在后面具体展开）。由此我们来到了第三个也是最具决定性的方面，即我的演讲的主题。如果这个星球上的所有居民都像第一世界的公民一样，浪费如此多的能源，制造如此多的垃圾，排放如此多的污染物到大气中，那么离我们越来越近的大灾难早就发生了。西方工业化社会的发展也就会是不可持续的，而发展一旦是不可持续的，我们就会陷入深渊——这一事实恰恰是今天人们争议的问题。只要读过《增长的极限》、《全球2000》、布伦特兰报告以及世界观察研究所（World watch Institute）的年鉴（特别是1989—1990年）的人，一定都会意识到，地球的承受力已经接近极限。[1] 基于这些文献

---

① D. 米都斯(D. Meadows)等,《增长的极限：罗马俱乐部关于人类困境的研究报告》(*Die Grenzen des Wachstums. Bericht des Club of Rome zur Lage der Menschheit*), 斯图加特 1972 年版, 中译本成都 1983 年版;《全球 2000 : 致总统的报告》(*Global 2000. Der Bericht an den Präsidenten*), 法兰克福 1980 年版;《我们共同的未来：布伦特兰世界环境和发展委员会报告》(*Unsere gemeinsame Zukunft. Der Brundtland-Bericht der Weltkommission für Umwelt und Entwicklung*),（转下页）

指出的一切问题——通过分析比如世界气候、营养状况的膨胀、环境污染等诸多复杂的关系，这些问题不可避免地会呈现——要否认其基本论点当然是很荒唐的。人口膨胀、大气变暖、水中有毒化学物的增加、土壤侵蚀、臭氧耗竭、食品短缺、生物多样性的减少一定会造成生态危机的发生。这不可避免地导致分配斗争，而在这场分配斗争中第三世界国家所得到的越少，大规模杀伤性武器就越是可能被使用。

这种大灾难来临的时刻恰是最具争议的时刻——由此所衍生的不安使得人们（不管老幼）不再抱有希望，因而他们也认为不需要再做些什么。但是这种犬儒的态度并不能持续很久，不久之后的生态问题将必然比政治问题更加关键。这会导致作为迄今为止现代文化之基础的范式陷于崩溃，以至于即使计划经济国家完全接受西方的社会体系，也将会没有意义。就算习惯于在这样的房子里面生活，也仅仅意味着自己陷于一场新的地震之中，而这场地震甚至将会比 1989 年的那

（接上页）V. 豪夫（V. Hauff）编，格雷文 1987 年版；《1989—1990 年世界观察研究所报告》（*Worldwatch Institute Report:Zur Lage der Welt-80/90*），L. R. 布朗（L. R. Brown）等编，法兰克福 1989 年版。关于气候危机的著作，请参看《蓝色星球的终结？——气候崩塌的危险及其出路》（*Das Ende des blauen Planeten? Der Klimakollaps: Gefahren und Auswege*），克鲁岑（P.J. Crutzen）与米勒（M. Müller）编，慕尼黑 1990 年版。

场还要严重。

事实上，在我看来，已经在中东欧发生的范式转换从某种角度来看并不足够剧烈。"冷战"轰轰烈烈地结束了，以至于如今超级大国之间的合作也因此获得了机会，不然没有任何一个世界性的问题可以得到解决。但是鉴于上文所述的危险，我们并不能相信历史会由此终结。你们可能听到了福山（美国国务院官员）提出的这个观点——这个观点在美国和西欧国家已经在当年得到广泛的讨论——福山说：在两个大国的和解下，制度上的矛盾被克服了，历史最终"终结了"[1]。一方面，"冷战"终结，从而人们长舒一口气，这一点完全可以理解，并且从某种程度上说，人们一开始还可能对这种说法报以同情。但是如果我们思考以下的全新任务，即在今后数十年的历史中将会发生的范畴和价值体系的剧烈变化，那么福山的理论似乎就显得既荒唐又恐怖了。如果黑格尔的理论是对的——即只有没有历史的时代才是幸福的时代，那么至少人们可以预测，21 世纪将不会是一段无历史的无聊时光。正如我之前所说，在 21 世纪将会有一个可以与 1989 年的范式转换相比拟的范式转换，且比前者更加剧烈。但到底它是如何转换的呢？

---

[1] F. 福山，《历史的终结？》（"The End of History?"），*The National Interest*，1989 年夏季，第 3—18 页。

毕竟，东西诸多争端——正如任何争端一样——都以一个共同的基础为前提。因为人们只有在具有一个共识的基础之上才能有所争执。从经济的角度来说，这一基础优先于人类社会的一切其他亚系统。东方和西方的目标是一致的，即都要通过发展技术的方式来尽可能满足本国国民的经济需求。人们争执的只不过是通过何种方式达成这一目标。东欧的变革发生之后，人们已经达成共识，即至少在特定条件之下，市场经济比计划经济更有可能达成这一目标。但是如果生态危机真的是 21 世纪的命运，那么，比理解实现目标的方式更加重要的是这样一个问题：一个共同的目标真的是有意义的吗？

经济作为支配性的亚系统，位于 20 世纪文化的中心，这一点是如此明显，以至于人们很难认识到，这绝不是历史中的常态，并且在一个具有这样一种哲学传统——即当意识到经济史中的巨大变化的时候，这种哲学传统把经济的基本特征解释为一种在一切时代都适用的无时间的真理——的国家中，人们更加难以认识到这一点。一方面，这种学说彻底把握了 19 世纪和 20 世纪的本质——以至于在去年（1989）秋天的东德，人们流传一个笑话，即东德共产党失去执政地位恰恰证明了一件事：马克思主义的真理——因为一个不能保证经济运转良好的政治体系而丢掉了合法性。另一方面，不难看到，比如说，在古代，政治和经济的关系与今天的情况很不一样。古代城邦所做的政治决定只有很少的经济和金融的性质，[①]而现代国家——不管是资本主义国家还是社会主义国家——必须把这些问题看作最重要的。毕竟，我可以承认马克思（在一般的意义上，他也是一个大哲学家）的说法是对的，即社会亚系统之间的重心变换受到经济系统之变化的限制：早期希腊的经济主要是一种自给自足的经济[②]，因此对于古代国家中的公民来说，他们的国家与现代国家完全不同，即它完全不需要承担如此重的经济责任。[③]

但是，如果经济绝不必然地在任何一种文化中占据中心，如果它只不过是在一段时间中占据中心，而也许很快就不再如此，那么至今为止存在着哪些其他的中心，未来还会有怎样的中心呢？为了回答这些问题，我

---

① 参看库朗热（N.D. Fustel de Coulanges）的经典著作《古代城邦：古希腊罗马祭祀权利和政制研究》（Lacité antique: Étude sur le culte, ledroit, les institutions de la Grèce et de Rome，法文，1864 年版），中译本上海 2006 年版。

② 请参看 J. 哈斯布鲁克（J. Hasebroek），《波斯时代前的希腊经济与社会史》（Griechische Wirtschafts-und Gesellschaftsgeschichte bis zur Perserzeit），图宾根 1931 年版。

③ 见《资本论》第一卷中重要的注释 33，(《马克思恩格斯全集》第 23 卷，柏林 1979 年版，第 96 页，中译本北京 2006 年版，第 98—99 页）。

想谈谈卡尔·施米特。[1] 即使人们一定会认为他的敌友关系的政治理论低估了政治的价值和意义而拒斥它（因为它不再允许从规范性的角度追问何为在道德上正确的政治），但是人们不得不承认，设定敌友及其高级形式——战争——都揭示了政治的一个本质的面向。说白了：如果人们知道，为什么一种文化中的成员随时准备豁出性命互相杀戮，并且相信互相杀戮在道德上是合法的，那么人们就会对这种文化的本性有某种理解。如今，近代以来对战争之本性的分析向我们呈现了一种巨大的转变，而经由这种转变，才能够理解我的关于欧洲政治史的范式转换的理论。在这里我把谈论限定在现代历史之中，虽然在某种意义上，只有在中世纪的解体之后，国家才真正存在。只有在基督教不再是欧洲文化合法性的全面体系之后，作为一种自治的、主权范畴的政治事务（das Politische）才会存在。只有在基督教分裂之后，国家才能成功地逃脱教会的监护。但是，现代国家依旧依赖于基督教，因为在其眼中，只有基督教才能保证道德上的同质性，而这恰恰是国家赖以生存的东西。启蒙时代之后很久——事实上直到 19 世纪——人们还是普遍相信，

---

[1]《中立化与非政治化的时代》(„Das Zeitalter der Neutralisierungen und Entpolitisierungen"，1929），出自《政治的概念》(Der Begriff des Politischen)，柏林 1963 年版，第 79—95 页，中译本上海 2015 年版，第 176—186 页。

只有基督宗教才能保证公民的权利（请想想犹太解放的问题吧），并且像黑格尔这样的思想家还认为，没有宗教就不可能有公民（以此反驳洛克在宗教宽容上的观点）。[1]但是，在现代的开端时期，人们却很少把一切都归于基督教，因为国家需要在教派方面达成一致（konfessionelle Homogenität）。"在谁的地盘上就有什么宗教"（Cuius regio, eius religio）是16世纪宪法的基本原则，并且16和17世纪的欧洲大战（包括战争中最为丑陋的战争形式，即内战）并不是全与教派问题相关，但也常常与之相关，而在"三十年战争"这一欧洲大灾难中来到顶峰。这场摧毁欧洲的战争的最为重要的成果之一，是宗教的去政治化，或至少是教派的去政治化。在某种意义上，通过这场战争的恐怖灾难（并且人们似乎需要战争来获得教益），人们开始认识到，至少在国家之间的关系之中，甚至是在一个国家的内部，教派的同质性并不是必然需要的。在"三十年战争"的末期出现的一些新面向，可以被看作这一洞见的明白表达：信奉天主教的法国和信奉新教的瑞典并肩作战，因为削弱德国的神圣罗马帝国

---

[1]《论宽容》（"A Letter concerning Toleration"），出自《十卷本约翰·洛克著作集》（*The Works of John Locke in Ten Volumes*），卷六，伦敦1823年版，阿伦1963年再版："最后，那些否认上帝存在的人绝不会得到宽容。"黑格尔《法哲学原理》第270节："依据事物的本性，国家应全力支持和保护教会，使达成其宗教目的，这在它乃是履行一种义务……因为其内容……不是国家所能干预。"

的力量符合两个国家的共同利益。国家利益至上的原则摆脱了宗教的枷锁。现在我们已经坚定地认为，敌我轴心的转变是政治范式转换的一个重要结果。

19世纪以来，在经历了惊人的过渡过程之后，欧洲政治的新范式变成了国家。不管是从内部看还是从外部看，国家都继承了教派的遗产。国家的同质性——而非教派间的同质性——成了国内政治的目的（虽然，国家之间的分歧完全也有可能同样是教派之间的分歧），并且战争也主要在国家之间展开。自19世纪以来，我们如此被战争的具体颜色所决定，以至于我们几乎想不到，比如，中世纪的战争都不是国家之间的战争。人们想不到，坦能堡战役并不是波兰人打德国人，而是波兰人和德国人打德国人和波兰人——参战者依附于封建主，而不是从属于国家。一方面，国家的范式是一个与宗教相对的过程。这一转换使宗教更加独立于政治，而国家也从宗教的枷锁中解放了：政治被去除了在每一种宗教中都有的非理性因素。但很明显，国家必然是一个反普遍主义的概念，而就其理念而言，世界宗教更为普遍主义。因此，这种范式转换也意味着一种退步。

卡尔·施米特在他著名的论文《中立化与非政治化的时代》("Das Zeitalter der Neutralisierungen und Entpolitisierungen") 中，在"在谁的地盘上就有什么宗教"原则之后，再加上"在谁的地盘上就有什么民族"原则和"在谁的地盘上就有什么经济"原则（德文版第87页；中文版第182页）。我认为，施米特的这种说法是对的。虽然这篇用最为无情和最为清晰的方式诊断了20世纪之政治的敏锐论文，早在20世纪的20年代就已然问世，但它还是以一种特殊的方式预见了战后历史的本质："冷战"并不是两个国家之间的战争，而是两个由国家组成的联盟系统之间的战争，其领导力量不再是民族国家。就其内部而言，特定的经济系统的确立最显著地表现了一个国家的力量，它们会无情地牺牲国家的统一，比如德国和韩国。经济取代了国家，正如国家取代宗教一样。也许，没有什么能像圣诞节一样展现出我们时代的本性。圣诞节原本是为了庆祝一个信奉苦行原则的宗教创始人的诞生，但是现在它却沦为一个特定的经济事件：它在一年之末把消费主义推上最为疯狂的高度。

虽然，很明显，即使在现在，人们已不再以国家的角度来定义政治；即使我们有一种世界经济，我们也没有全球的经济政策，而只是略微有些协调性的各国的经济政策。但是这至少意味着，在国家政策中，经济政策扮演了一个越发重要的角色，特别是从自由主义的法治国家发展到保障性的福利国家以来。这种发展不仅局限于社会主义国家之中，而且自19世纪晚期以来，它也以市场经济的方式决定了国家的形态。

这种发展是近来历史的关键；不理解这一点，就不能把握 20 世纪对内政策和对外政策的本质。但是，我想强调的是，在某种意义上，它仍旧在相同的范式之中：按照我的历史哲学的解释，不管是古典的自由的国家，还是社会的国家，或是社会主义的国家，都依存于经济范式。并且，在我看来，这些国家样式及其政策之间的精神差异要小于 20 世纪的某个国家与 17 世纪的某个国家之间的政策差异；17 世纪的国家的政策差异是与它们之间存在着的教派对立相一致的。如若要对这种以福利国家为方向的发展做出评价，那么很明显，一方面，人们会把它描绘为法治史（Rechtsgeschichte）上的一个巨大进步。19 世纪中最为棘手的道德和政治问题是社会问题，而这些社会问题必须被解决。如果社会不平等问题仍旧如此显著，那么人们也就不能实现私法上的和政治上的平等。人们对于私人财产的社会义务的理解，是与从主体性到主体间性的、大的哲学范式转换相一致的。①汉娜·阿伦特政治理论的主要缺陷就在于它对这一点认识不清（因为它脱离时代背景地对希腊城邦的政治做了

---

① 此外，可以参看 K. 阿佩尔（K. Apel），《哲学的转变》（*Transformation der Philosophie*，两卷本），法兰克福 1973 年版，中译本北京 1992 年版。

一番曲解）。[①]

　　但是，另一方面，毫无疑问，首先，这种发展使现代国家在国际上更具侵略性。其次，这种发展是导致当下生态危机的一大主因。（这也就是为什么一种侵略性的对外政策可以直接来自在国内支持社会平等的人——这种洞见并不能说给那些陷于左右对立的陈词滥调之中的人听，即使他们是人所熟知的政治学经典作家，比如维科[②]）。为了满足本国国民的经济需求且由此维护社会安宁，现代国家不得不推行也许在世界历史上是独一无二的对外掠夺的政策。（此外，并不仅仅西方是这样，请允许我进一步分析对斯大林时期的苏联与有国家布尔什维克倾向的社会主义兄弟国家之间的经济关系。）维也纳哲学家汉斯 - 迪特·克莱因（Hans-Dieter Klein）对于当下情况的分析[③]是最为深刻的分析之一。他把当代世界政治的结构说成是"国家 - 社会主义"——我认为他说得很对。如果民族国家和福利国家的原则是 20 世纪的国家的基本特征，那么正如克莱因所说，把这两个词联结起来

[①] 阿伦特，《论革命》（*On Revolution*），纽约 1963 年版，中译本南京 2007 年版。

[②] 维科，《新科学》（*Principi di scienza nuova*），卷一，第二部分，"要素"，第 lxxxvii. 页，中译本北京 1989 年版，第 98 页起。

[③]《当代的哲学：一种定义的尝试（1789 年之后的两百年）》（"Philosophie der Gegenwart-Versuch einer Begriffsbestimmung [200 Jahre nach 1789] "），出自 *Wiener Jahrbuch für Philosophie* 21 (1989)，第 47—63 页。

就完全是合法的。这种联结自然会让人想到德国的国家社会主义，并且它会以一种极为夸张的方式指出，纳粹会出现，并不是因为这个卑鄙的世纪走了一条病态的迷途，而只不过是因为它最一贯且最直接地表现了其恐怖的本性。当然，这并不意味着，要否认德国国家社会主义因违背法制而犯下的独有的罪行。

事实上，如果居民的需求有过分的增长，那么福利国家必须要知道，必须要满足哪些最不易受到抵制的需求。因此，根本上说，他们可以使用两种对象：一是自然，二是那些还没有把法制原则内在化的国家，因为它们还处于半封建的状态之下，即他们还是"第三世界"的民族。这种利用（Ausnutzung）会通过以下的方式披上法制的外衣：现代的法哲学中，自然普遍地被认为是不具有权利的。而与之相类似，未来世代也可以被说成不具有任何权利，因为他们还不存在。最终，因为"第三世界"的居民还不具有现代法治国家原则的意识，所以对"第三世界"的掠夺活动也被合法化了。不幸的是，人们毫无疑问、理当如此地行事，但是那些为剥削追溯权利的人忽略了，他们以此把"第三世界"国家——形式上，单从它们纸面上的宪法而言，它们确实是法治国家，但是事实上，它们依据不合法的原则行事——的内在矛盾转移到了发达国家。因为发达国家的基本矛盾是，它们已经在内部关系中实现特定的道德原则，但是在外在关系中却践踏这些原则。

在第一世界中的每一个道德敏感的公民都必定要受这一基本矛盾之苦，即使这个受苦的过程并不总是以一种有意义的形式来对象化其自身。[1]但是，对于我来说重要的是，这种矛盾或早或晚会导致现实的灾难。因为我们当代政治沉迷于经济范式，以至于当代政治的"国家-社会主义"的深层次结构必然导致"蓝色星球"的生态崩溃以及"第三世界"的灾难性状况，而这些问题本身都是不可解决的。生态危机会取代之前的范式。我们正站在一个新范式的门槛上——经济范式不得不让位于生态范式：欧洲环境政策研究所的所长魏伯乐（Ernst Ulrich von Weizsäcker）在他的大作《地球政治学》中提出了这一观点。[2]虽然把现代历史划分为宗教的世纪、宫廷的世纪、国家的世纪和经济的世纪这种方式很老套，但是人们不得不承认，21世纪将会是环境的世纪。好的政治会在全世界范围内确保我们生活世界的自然基础——好的政治不再允许经济的数量激增，不再满足最

---

[1] 比如 U. 霍斯特曼 (U. Horstmann)，《野兽：关于逃离之人的哲学纲要》(*Das Untier. Konturen einer Philosophie der Menschenflucht*)，维也纳 1983 年版。

[2] 魏伯乐，《地球政治学：将要迈向环境世纪的生态现实政治学》(*Erdpolitik. Ökologische Realpolitik an der Schwelle zum Jahrhundert der Umwelt*)，达姆施塔特 1989 年版。

无意义的需求，好的政治也不再以牺牲他国的方式来谋求本国的文化与语言的身份，至少不是一种用强力的方式寻求教派或宗教的同质性。

在接下来的一次演讲中，我会对环境的世纪中具有合法性的政治做出一个更为精确的划分。今天，我会满足于对作为一种范式转换的通常结果做进一步的探究。在上文谈到"三十年战争"的时候，我提到了一个非常重要的后果：政治范式的转换导致了新的敌友分立。因为现在某些新的东西被认为是根本性的，所以有些在旧有范式的范畴中被认为是敌人的人，那些追求着相反的利益的人，突然变成朋友，因为从新的中心的角度来看，这些人与自己具有类似的利益。范式转换导致人们优先关注的东西发生改变，导致人们对自己的价值和利益进行新的权衡，并且必然带来重新联合的机会。依据共同的利益和区别之间的关系，何人为敌、何人为友就会发生改变。范式转换绝不总是导致敌友分立的关系的转换，出于策略性的考虑，敌友分立的关系会被确定，从而持续一小段时间——比如，当一个共同的敌人出现的时候。而在共同的敌人被消灭之后，旧的斗争会再次爆发，甚至会比之前更加激烈。（一个典型的例子是，开始时苏联曾经短期地与第三帝国合作，而在第二次世界大战的时候则转而与美国和英国合作。）但是，如果不仅仅是利益在短期内有所改变，如果也许只能由共同努力才能实现的新的价值（这里所说的并不是国家的价值，而是对自然基础的确保）已经实现，那么敌我分立的改变过程就会更加漫长。我认为，"冷战"——"二战"以来最为重要的敌友关系的转换——的终结还需很长时间（而不是像福山所说的那样），因为从现在开始，敌友关系已经属于过去，但这只是因为，这种旧的敌友关系——至少在短期和中期——会被一种新的敌友关系取代。

近年来，大国集团之所以在对外政策方面有重大转变，原因是各种各样的，而外人只能看到其中的部分。很明显，社会主义集团越来越看到其自身体系的缺点，世界多国共产党的执政又逢挫折，这两者一起扮演了一个重要的角色。再者，除此之外，双方都开始知道，在大规模杀伤性武器的时代，无论如何都必须降低战争的风险。很难估量，共同努力解决这些迫切的环境问题的愿望到底扮演了一个怎样的角色。在我看来，很有可能正是因为人们害怕南北斗争的扩大，所以人们才不再如此着力于东西斗争。很不幸的是，事情看起来并非如此——至少在逻辑的层面上，卡尔·施米特的假说是错误的，但是在心理学的层面上，分清敌友的思维与政治是如此纠缠在一起，以至于现在看起来，像伦理学要求的那样一种全球的、把所有人都包含在内的政治是很难实现的。

新的敌人的威胁似乎在取代旧有的敌友关系的过程中，扮演了一个主要的角色。固然，人们希望生态危机被看作全人类共同的敌人，希望大家能够通过对抗生态危机来一起向前行。但是在可见的未来，就算生态问题引发了新的战争，就算对外政策中主要的矛盾变成"谁准备好了拯救环境"这个问题，我也不会感到惊讶。

敌友关系并不仅仅在国与国之间的关系中扮演一个角色（国与国之间敌友关系是最为危险的，因为会升级为战争），很明显，敌友关系在一个国家（同时也是每一种制度）的内部也是非常重要的。在这里，其中一个问题——即本国的对外政策如何构建的问题——可能会变得尖锐起来，并且在此时展现了复杂的结构，以至于在两个国家中的两种力量之间的敌友关系发生转换的关节点上，会出现"互相敌对的关系是否应该继续存在"这个内部的对立。这种内部的权力斗争与对外政策的敌对关系相比，会以更加强烈的方式爆发出来。是的，从敌友关系的逻辑的基本公理出发——即所谓的"我的敌人的敌人就是我的朋友"，可能会出现这样的悖论，即那些想要在两个国家中持续敌对状态的人——也许是因为他们想从中攫取权力——会联合一致去反对那些想要制止敌对状态的人：为敌对国家提供安全保护而共同行动，使这些敌对力量不能和平共处，而这种事情不仅仅出现在间谍小说之中。

随着人们越来越认识到新范式的优越性（比如对外政策这个例子），在传统的政治各极的内部也出现了对立——这种对立比两极之间的对立还要强。联邦共和国内政的主要矛盾今天可能已经存在，但是在近期之内必定不首先存在于单个的政党或雇主和工会之间；相反，主要的矛盾会存在于那些坚持旧范式的雇主、工会、政党的那些力量之间，以及那些寻求工业社会的生态转型的力量。因为众所周知的制度惯性，所以新的对立在某些时候会假扮为旧的对立；但是现在人们已经意识到，有生态思维的基督教民主党人和社会民主党人之间的关系其实比他们与那些只有数量思维的同一党派的同志之间的关系更加亲近。此外，这种新情况的一种危险在于，民主选举失去了透明性：既然人们选的是政党而不是选党内的派别，那么人们事实上通常并不清楚用自己的声音在支持着谁。

在西欧的知识分子圈子里，所谓的"右"和"左"到底是什么意思呢？在发生范式转换的地方，传统政治的语词的意涵发生改变是很正常的。想想看"反动的""保守的"和"进步的"这些词吧。只有在人们具有一种允许突出某些特定发展的历史哲学的时候，这些词才具有一种具体的意义。"进步的"所指的是那些想要为规范性的、杰出的目的（Telos）而努力的人；"反动的"是指那些想要回到某种比当下更为远离目的之状态的人；"保守的"是那些想要保住现状的人。但是要具体地分析一个人的行动，决定用哪个谓词来形容它，那么人们必须对历史的目的有清楚的看法，至少要对发展方向有清楚的看法。如果这种关于目的的看法随着相关的范式转换而发生了改变，那么如何用这些谓词就不再是清楚的了。从经济思维的范式角度来看，那些想要尽可能促进更多消费的人是进步的。而在生态反思的框架中来看，那么这种行为可能在某些情况下恰恰就是反动的，因为它导致自然环境越来越脱离健康状态。在范式状态并不稳定的状态之下，互相认对方是"反动的"的敌对双方都有可能出于良知而辱骂对方。

接下来，我会对"左与右"两种不同的思想和政治潮流做一番简要的梳理，并且说明，在何种意义上，所谓的范式转换绝不与"左""右"的区分相一致。

无论如何，这两个概念的内涵极为含混，如果人们说，连找到两个信仰相同的天主教徒都不可能，那么要找一个左派和一个右派信仰相同就更不可能了。在我看来，这些概念与其说表达了某种逻辑的洞见，还不如说表达了某些情绪——一个共同的理智起源、某种休戚与共的感情（Solidaritätsgefühle）。右派的思维方式也许更为制度化，他们对于诉诸主观性抱有更多的怀疑，并且对传统特别是宗教性的传统有更多的坚持。左派可能更加有理性的激情，即批判一切的坚持。但是与内在的区分相比，这种梯度的差异根本不值一提（比如这种差异论没有认识到，理性主义者也能够有制度和宗教的思维）。要谈到保守派，那么尤尔根·哈贝马斯（Jürgen Habermas）对保守派的著名区分（即区分为老年保守派、青年保守派和新保守派 [1]）可谓切中要害。老年保守派（哈贝马斯把汉斯·约纳斯算作其中之一）以形而上学的方式思考，他们想要把一种本质的存在从现代主体性的诉求那里拯救出来——他们在现代的工业社会和左派的反思文化之中认识到这种诉求。他们从海德格尔那里受到很大的影响。青年保守派受到尼采的影响。他们拒绝启蒙的观念和普世主义的伦理学。很明显，他们很容易陷于好斗的民族主义、反逻辑主义，甚至是神话学的思考。法国的"新右翼"（Nouvelle Droite）就算得上是这种人；在很难与"新右翼"划开界限的"绿色知识分子"的某些圈子里也可以找到这种人。新保守派事实上是保守派——他们想要保持现状。现代工业社会的现状事实

---

① 《现代性：一项未完成的方案》（"Die Moderne-ein unvollendetes Projekt"），出自《政治小文集》1—4 卷（*Kleine politische Schriften* I-IV），法兰克福 1981 年版，第 444—464 页。

上由增长原则所决定——他们通常把自己看作是事实上进步的力量。当老年的和青年的保守派——至少是他们中最重要的人——已经用新的生态范式在思考，当青年保守派最终放弃了西方的理性的语境且因此被划归反动的派别的时候，他们是新经济范式的最活跃的代表。

我想要根据哈贝马斯的术语，把左派分成四类。第一，存在着一些新进步论者——马克思当然算是他们的祖先，他们作为改良者坚决地推动福利国家的发展，并且对当下的工业社会感到满足。他们是新保守派的天然盟友，大量出现在工会圈子中，并且对新的范式不太敏感。第二，青年的进步团体中有人数众多的后现代主义者，不断地威胁着左派的主体性的泛滥已经达到如此的境地，以至于基本事实都不再能够发展和呈现，他们拒绝相信客观真理和客观的价值，因此他们不能做理性的批判。费希特曾认为，知识分子具有特殊的天职，但这种观点只会引人无奈一笑。他们的观点总是充满专断的思维混乱、知识分子的狂妄和不负责任的犬儒主义。第三，青年的进步论者置身于启蒙传统之中——有时是马克思主义，宣扬的是普世主义的理念，并且他们认识到，如果不对生态危机做足够的回应，那么他们的理念就不会实现，即使生态危机并不是他们的核心关切点。我会把哈贝马斯算作这一团体的一分子。第四，我想把这些人单独算作是一个团体：他们明确地依新的范式工作，并且为一种生态的现实政治而努力。[①]他们在老年的保守派和老年的进步论者那里有天然盟友。

在我看来，这种类型学不仅表现了当下的经济范式与生态范式之间的状态。在做出特定的限制之后，这种类型学就可以轻松地普遍运用到一切范式转换的情况。而在这样的情况下，总有一些代表的是处于危机之中的范式。这些范式极难被颠覆，并且即使人们在理智上会对它们有所抵触，也绝不应当低估它们：因为它们总是最了解权力机关（的运作）。同样，人们的思维总会变得混乱，精神总是处于悬而不决的状态：即使正确地承认旧范式的不适当的时候，却还不能建设性地参与发展新范式的过程，并且不能从纯粹否定的结果（比如，"根本就没有什么真理""一切都没什么"等）之中抽身而出。人们的行为有时会显得孩童化，要么沉重，要么怪诞（尤其是后者，如果文化工业给予其可能性，那么就会引起轰动）。第三种可能性是退回传统。在这里有必要做出区分。一方面，这种退回——即使它并不怪诞，而是意味着存在着严肃的东西——会变得反动且导致人们对真正

---

① 比如，请参看 K. M. 迈尔 - 阿比奇（K. M. Meyer-Abich），《与自然和平共处之路》（*Wege zum Frieden mit der Natur*），慕尼黑 / 维也纳 1984 年版。

的使命产生误解：小加图（Cato Uticensis）① 就是这种行为的代表。如果这种退回不仅影响单个人而且影响所有人，那么这种退回就变得更加危险，20世纪的历史中就有此类的可怕例子。在我看来，你们的国家正面临这一危险：马克思主义遭遇的挑战可能导向其他替代性的经济范式，人们正在无批判地模仿西方的方式。但是这也可能导向一种更为可怕的可能性，即会激活经济范式之前的合法性体系以及与之相对应的敌友关系：基督徒与伊斯兰教徒之间的斗争就属于此种，在知识分子中反犹主义重新抬头这一事实也属于此。特别是在你们的国家中，当国家和宗教的范式并没有"被扬弃"，而是被抽象地否定时——虽然没有依据一种确定的逻辑，这种回退并不成气候——必须要强调的是，这样做不仅没有为当下的危机给出任何解决方案，而且还是一种可怕的倒退。即使它会变得越来越无害，甚至试图把自身与新的范式联系起来，它也仍旧是一条歧途。幼稚可能是优雅的，但是如果有人想要把立陶宛的前基督教的自然宗教（近代在欧洲避难的异教徒熟知这种自然宗教）重新修葺一番，以此来克服生态危机，那么这还是太幼稚了——如

---

① 小加图，古罗马政治家，斯多亚派哲学信徒。支持元老院共和派，反对恺撒。法萨罗战役后去乌提卡（Utica，在北非）。得知恺撒再胜于塔普索斯（Thapsus），自杀。——译注

果正如我最近读到的消息所示，这真的是一些人要努力去做的事情的话。尽管我知道，这很有可能是反立陶宛的谣言，但遗憾的是，这整件事与危机时代的逻辑十分符合，因此我不敢断言这一消息绝不可能。

不过，如果未来是黑暗的，如果我们只能对新的范式看个大概，那么人们只有回想光辉的过去，才能有力量承担起创建新范式的艰巨任务。因为，人们只有对一个与当下完全不同却很现实的世界有所认知，才能够使自己与自己所处时代的缺点拉开一段距离，而不至于陷入人们自己的主体性旋涡之中。如若不根植于传统，那么就不能塑造未来。文艺复兴和宗教改革是标志着现代西方的欧洲历史之开端的事件，它们皆是以回退到古代传统（古希腊罗马和早期基督教）的形式获得了精神的力量，而这绝非偶然。俄罗斯历史的一大特征就在于，它并没有参与这两大事件。如果年轻的俄罗斯知识分子今天想要复兴他们在革命之前的传统（七十年的集权历史未能摧毁这些传统，但几十年狂热的消费主义却可以），那么我们还能看到一些希望。当然，如果真的要有希望，那么人们就不能把这些传统作为生活的习惯，而是要用这些精神财产来面对未来的挑战，来发展"环境保护的世纪"所需要的精神范式。

第二章　生态危机的思想史奠基

他们坐在树上，锯动着树枝

为谁有经验更快地出活而争得面红耳赤

喀啦一声响，他们从树上掉落了下来

周围的旁观者看着他们摇头叹息

一边继续手上锯树枝的活儿

　　如果布莱希特（《流亡 III》）的这段话充分反映了面对生态危机时我们的境况，那么问题就是：那些把自己这个生物学种类称为"智人"的存在者为什么会争着投身灾难。第一个回答立马来了：因为智慧与和谐相关，而不是与毁灭相关，所以人——既是生态危机的主体，也是它的客体——必定放弃了智慧的理想。但是，正如我所说的，因为生态危机是由人所造成，也没有其他生物学的物种能够成功地毁灭如此多的其他物种，以至于无可挽回地改变了地球的生态境况，正是因为人被放到了首位，才导致了对自然的掠夺，而这只是人的理性的一种特定形式。在几个世纪之后，人类理性的不同形式之间的平衡似乎被完全打破了——一些形式（特别是技术理性）总是以指数级别越展开越快，其他形式（传统上人们总是称之为智慧，且它致力于对价值的洞见）则停滞，甚至退化了。如果我们把我们时代的生物学知识和亚里士多德的生物学知识相比较，则进步实在是巨大的；但是即使我们将亚里士多德把生命归于存在之整体的对必然性的意识与对现代自然科学的拒斥，以及对人们行为的哲学前提的反思相比较，发展是否完全有资格被称为进步？这一点是可疑的。古代科学独有一种伦理上的责任感，而现代科学家则不愿意（甚至没有能力）对他的行动的长远结果做道德考量。如果人们把这二者加以对立，那么人们可能最终无话可说。

这种目的理性与价值理性之间的误解是现代科技时代的基础，这是生态危机——广而言之，现代社会的治理问题——之所以产生的最为根本的原因。我绝不是理想化的人，在前工业时代，道德扭曲十分常见，也许甚至比今天还要常见，但那时人们并不具有今天的力量。力量与智慧之间的不平衡引起了关注，而只有在工业社会中，在人类具有超出自然的力量这一发展过程中，这种不平衡才开始具有其历史位置。

为了更近距离地分析现代工业社会的结构，在我看来，我们有必要把它们分成三个构成这种结构的因素，进而对这些因素一一加以观察。这三个因素是现代科学、现代技术和资本主义经济。它们共同构成了推动着现代社会的、越来越难以控制的发动机——"上层建筑"——的基础。[①]

在这里，我们需要着手处理人类文化的"身心问题"，也就是要问，到底是"基础"还是"上层建筑"更加优先。从本体论的角度来看，一种文化的物质要素和观念要素是互相影响的，而这一点是确定无疑的。但是从方法论的角度来看，在我看来很明显的是，精神要素的优越性是不可否认的——因为唯有借助这种方式，人们才能发现历史中的意义。即使资本主义必然导致社会主义这种学说是正确的，这种发展也只能被描述为，人们把集体所有制看作是比私有制更高的所有制形式的进步，但是，这种高低排序只能在一个普遍的、规范性的范畴理论的基础上才是合法的。

人们不能用因果关系理论来回答意义和价值问题，

---

① 参看 A. 盖伦（A. Gehlen），《技术时代的灵魂》（*Die Seele im technischen Zeitalter*），汉堡 1957 年版。

这些问题指向了一个超越于经验的原因分析之上的本质认识的领域。因此，在下文中，我不会要求对因果依赖性进行详尽的分析，而是要说明规定了人类文化朝生态危机方向发展的本质规律。我尤其对人的自我理解——即他在与自然的关系中做出的解释，由此出发最终得出了现代科学和技术中的自然概念——的转换感兴趣。当然，不难看到，对现代自然科学所做的这种思想史的考察——比如莱布尼茨和康德就决不做此类考察，而这只有通过历史主义才变为可能——必须要避免两条歧路。首先，它不应当与有效性（Geltung）和它的来源相混淆——比如海德格尔就完全在这里遇到了危险。因为即使我们可以说明，没有特定的思想史的前提，就绝不会有现代自然科学，以至于就其来源而言，它与自然形而上学相关，但是这并不意味着自然概念没有完整地把握住自然的本质。相反，现代自然科学的成就是如此之巨大，以至于一种理论不能够解释为什么自然——至少是从表面上看——好像毫无抵抗地屈从于现代科学技术的取用，那么这种理论就是没有说服力的。而恰恰是这种解释使得海德格尔从思想史角度令自然科学变得相对化，从而与古典形而上学和先验哲学区别开来，甚至使得它与分析哲学没有差别。第二个危险与第一个危险相关，但是比前者更加严重。正如它被证实的那样，如果现代自然科学和技术真的是与现代形而上学的形态紧紧联系在一起的话，那么批判这种科学的人会很自然地以此来否定形而上学，而形而上学又恰恰是西方理性为自我解释做出的最为高超的尝试之一。非理性的后果一再被强加在从尼采到海德格尔之间的现代自然科学的批判者身上，尽管我们可以理解，在范式不确定的状态之下会出现此种尴尬反应，尽管这对它自身也没有好处。因为，从长远来看，如果批判不能证明其自身是合理的，那么它就不会被认真对待。

不幸的是，我也没有一种公正地对待现代的自然知识之有效范围和边界的自然哲学——创制这一种自然哲学是新范式的哲学的主要任务，且唯有当我们受到当代思想相比以往可能做到的更为严厉的检视之后，才能成功。但是，在我看来，我们现在已经可以提出两个要求，而这两个要求正是新的自然哲学不得不公正对待的。第一，新的自然哲学不得不放弃"自然最终是人所构造的"这一现代认识论的基本思想。第二，它不得不放弃客体和主体之间的严格对峙——这种对峙导致了第一点主要思想：因为这是现代自然科学和技术的两个最为重要的前提。但是与此同时，它必须解决两个似乎唯有通过所谓的特定前提（这是它能够取得世界历史的成就的原因之一）才能处理的问题。首先，它必须解释，为什么一种关于自然的先天认识是可能的（至少是部分可能的），就像数学这样的知识能够应用于自然之上一样——在我看来这是无可置疑的。其次，它必须要回答为什么人的主体性本身具有与一切客观的存在者相对抗的能力，以至于虽然人从属于自然世界，但却在宇宙中占据着一个特殊的位置。当然，在我看来，这种主体性与其他客观的存在者之间的对立并不是真相，但是这并不改变以下事实，关于宇宙的一种真正的理论必须解释清楚，为什么会出现这种世界历史的谬误。

至于第一个要求，我可以且应当用最少的篇幅提到就够了，因为在其他地方详细地对这个问题做了探讨。[①]在我看来，客观观念论（objektive Idealismus）——我认为它可以通过反思的论证成为最终的根据——是哲学所追求的东西：它能够用概念把握实在论和主观观念论的真理。因为如果自然和主观的、主体间性的精神都能够通过观念的领域建构起来，那么在这样一个体系的框架中，精神首先就由于自然而被显现出来；由此实在论的

[①]《真理与历史：巴门尼德到柏拉图之发展的范式分析之下的哲学史结构研究》（ *Wahrheit und Geschichte. Studien zur Struktur der Philosophiegeschichte unter paradigmatischer Analyse der Entwicklung von Parmenides bis Platon* ），斯图加特 - 巴特坎坎斯塔特；《客观观念论的根据追问》（ „Begründungs fragen des objektiven Idealismus" ），出自《哲学与根据》（ *Philosophie und Begründung* ），巴特洪堡哲学论坛编，法兰克福 1987 年版，第 212—267 页。

看法就被保留了下来。但是与此同时，它解释了为什么有限的精神能够通过先天的思维（经由对观念结构的把握）逼近自然——因为从本体论的角度上看，自然是由这种观念的结构所决定的。这些观念的结构并不被主体强加在自然之上，但是这些结构恰恰构成了自然的本质：自然是由观念的领域建构的。尽管我知道，客观观念论并非现在流行的一种哲学，但是我坚信，它不仅是哲学史上每一种哲学的最终所至之处，而且从推理理论的角度来说，它是最为强大的认识论和本体论学说，但是因为我对这一点在其他地方很详细地解释过，所以在这里就不再多谈了。

相反，我会集中精力于第二个要求，即概述一下关于自然与人之间的关系的合适理论是怎么样的，当然，这种理论一定是基于客观观念论之上才是可能的。因此，一方面，正如上文所述，人是通过自然而被创造的，并且在这种意义上说，是自然的一部分。另一方面，人因为是唯一可以洞察自然与其自然之原则的东西，所以是某种超越自然的东西，甚至是自然的"他者"。在我看来，人的这种模糊性恰恰就是任何一种关于自然与人之间关系中的主要谜团。

"自然"与"人"之间的"与"，提出在我们所知的世界中绝不被认为是重要的本体论问题。因为当我说"植物与动物"的时候，两种东西是通过"与"联系起来的。虽然它们可以同属于一个其中任何一个都不是另一个种属的一部分，甚至它们是处于互相反对的种属概念之中。但还有一种"与"的情况是，当我说"心脏与身体"的时候，这里的关系是部分与整体之间的关系，并且如果我们把它们互相对立起来，那就是非常荒唐的：外在于身体的心脏就不再是心脏，而如果身体没有心脏，那么身体也就死了。

现在，在我看来，人"与"自然之间的关系同时属于这两种关系，而这使得它们变得如此复杂。很明显，在人的历史中存在着一个从"包容性"的自然概念到"相对立"的自然概念的发展：对于古希腊人来说，物理学一方面包含人的运动之存在的整体，另一方面是理念的基础，即这种存在的本质，但是对于古希腊人来说，绝不会有人与自然事物相对立这样的事情发生。[1] 但这种对立恰恰存在于笛卡尔的自然概念之中——他的思维物与广延物的二元对立，恰恰是现代自然科学的基础。

自然概念的这种变化是如何发生的呢？简而言之，我想区分人类思想史中体现了主体性越来越激烈地从自然中挣脱的四种自然概念。第一个概念在类的历史

---

① 参看 A.V. 阿叔丁（A.V.Achutin），《古代和现代的"prioda"概念》（*Ponjatie "prioda" v antičnosti i v Novoe vremja*），莫斯科 1988 年版。

（Gattungsgeschichte）中存在时间最长，但是现在只局限在罕见的几个比许多植物和动物种类更容易灭绝的、却也仍有人存活的小岛上才会使用它，这是古代文化的自然概念。对于它来说，人类不过是被理解为神圣且有生命的自然这一巨大的有机体之中的一个部分。人类的统一体被自然的神话所包围，在仪式之中，人们用象征的方式颂扬他们与自然的结合。科学不可能在这个水平上存在，并且这种文化的技术正是 J. 奥特嘉·伊·加塞特[①]所谓的偶然的技术：并不存在着一个手工业者的阶层，以至于他们能够把偶然发明出来的工具和设备以成体系的方式加以完善。在这样的文化中，货币经济是不可想象的。人们还不能对他们部落的共同体做出反思。在这一意义上，人还不是一种真正的主体性，而只是一个主体间性结构的一个部分——这种主体性结构试图适应环境，且在很大程度上运用现代人必定掌握的智慧来达到这一目的。[②]

[①] J. 奥特嘉·伊·加塞特 (J. Ortega y Gasset)，《技术论》(„Betrachtungen über die Technik")，出自《加塞特全集》(*Gesammelte Werke*)，第四卷，斯图加特 1956 年版，第 32—95 页。

[②] 请看印第安人的动人文字，其远见卓识必定让白人的文明感到羞愧，出自 H. 格鲁 (H. Gruhl) 编，《它们会很快乐……四世纪以来生态世界观的证据》(*Glücklich werden die sein…Zeugnisse ökologischer Weltsicht aus vier Jahrtausenden*)，法兰克福／柏林 1989 年版，第 85—89 页，第 175—179 页。然而，西雅图酋长没有说过的事情都被归到了他的名下。

人与自然的关系随着人类定居、农业的发展、阶层的分化、城市和国家的建立——简而言之，高级文明的诞生——而发生了变化。手工业者的技术开始出现，科学开始萌芽。在最先将量化方法运用于自然之上的这一过程中，社会需求扮演了角色：天文学和测地学出现了。但是在这里，科学还是与神话不可分离地联系在一起，因为在前希腊的高级文明中，还不存在着对人们自己国家制度的批判性反思和启蒙，这也就是比如巴比伦或中国等国的[1]科学结构完全与古希腊科学的结构不同的原因。

古希腊文化与之前一切文化的种差（differentia specifica）是诡辩术（Sophistik）。在这人类历史的第一次启蒙运动中，神话和现存的科学制度都受到了严厉的批判。在世界历史中，一切都必须在逻各斯面前证明其自身的思想第一次出现，因而一种全新的科学样式——从公理得出定理的推论这一科学形式诞生了。如果我们把希腊的数学与印度的数学做比较，那么我们可以发现，它们都认识到了普罗塔哥拉定理，但是它们之间有一个巨大的区别：《绳法经》（*Sulvasutras*）宣扬了这一定理，

---

[1] 关于中国的科学，参看李约瑟（J. Needham）的名作《科学的普遍主义：论中国科学的意义和特殊性》（*Wissenschaftlicher Universalismus. Über Bedeutung und Besonderheit der chinesischen Wissenschaft*），法兰克福1979年版。我们从前文引用《庄子》中关于凿井的格言就可以知道，中国文化并不想要发展一种和西方文明类似的技术文明（而不是不能这么做）。

但是欧几里得证明了这一定理。古希腊数学（其严格性和抽象性总是被外行人低估）不是古希腊人给科学方法做出的唯一贡献；至少柏拉图和亚里士多德对于推论法做出的方法论反思也具有同样的意义。但是古代科学与新的科学在不同的方面具有非常巨大的差别，而如果不能把握两种科学样式的区别，那么人们就不能理解现代科学何以导致生态危机。毫无疑问，第一个区别是，在古代，数学在自然观察方面的运用只局限在天文学方面。此外的第二点，在我看来，柏拉图在《蒂迈欧篇》非常接近要扩展这种运用，而亚里士多德对哲学和物理学的去数学化处理，则显得他在通向现代科学的道路上走了回头路。但是这并不意味着，只要柏拉图的概念取得胜利，类似现代的科学就可以诞生。从生活世界的角度，古人太过于固执坚持月下世界（sublunarer Welt）和月上世界（supralunarer Welt）之间的明显区别。除此之外的第三种区别是，他们也缺乏关于实验的系统化理论。出于这种原因，在古希腊人那里，科学和技术在各自的轨道平行发展，互相之间并没有什么本质性的影响，阿基米德是最为著名的例外。[1] 但是，阿基米德的数学却恰恰展现了

---

[1] 参看 I. 施耐德（I. Schneider），《阿基米德：工程师、自然哲学家和数学家》（*Archimedes, Ingenieur, Naturwissenschaftler und Mathematiker*），达姆施塔特 1979 年版。

古代科学的另一个局限：古代科学拒绝实的无限（Aktual-Unendlichen）的概念，因此阿基米德不能把他的穷竭法继续发展到微积分。[1] 在柏拉图的本原学说中，当造成混乱的"不定的二"（ahoristos dyas）生成了潜在的无限的时候[2]，"有定"（peras）——即界限——是一个积极的原则。[3] 第四，生物学是古代最伟大的科学理论家亚里士多德用力最勤的科学。但是因此，目的论的观念在科学中根深蒂固——在古代，有灵魂的东西（Beseeltes）是科学的对象（甚至在柏拉图与亚里士多德看来，天体都是有灵魂的）。第五，需要强调的是，古代科学明显是基于哲学的。现代科学刚刚开始的时候也是这样，但是从根本上说，古代的形而上学与现代的形而上学是不同的。因为对于柏拉图和亚里士多德来说，共相——它理所应当地是科学的对象——在具体事物中显现其自身。但是在现代科学中，

---

[1] R. 蒙多尔福（R. Mondolfo）《希腊人思想中的无限》（*L'infinito nel pensiero dei Greci*，佛罗伦萨 1939 年版）坚持认为，对于古希腊人来说，无限的东西总是某些消极的东西。

[2] 基于 K. 盖泽（K. Gaiser），《柏拉图的未成文学说》（*Platons ungeschriebene Lehre*），斯图加特 1963 年版。

[3] 关于古代科学和现代科学之间的区别，参看 P.P. 加登科（P. P. Gajdenko）的令人印象深刻的著作——《科学概念的演变》（*Evoljucija ponjatija nauki*，莫斯科 1980 年版）《科学概念的演变》（XVII-XVIII vv.，莫斯科 1988 年版）和 D.V. 尼古林（D. V. Nikulin）的《十七世纪科学和形而上学中的时空问题》（*Problema vremeni i prostranstva v nauke i metafizike* XVII stoletija，莫斯科 1990 年版）。

函数（Funktion）替代了实体（Substanz），其结果是，只要参数的函数相关项不变，那么关系中的单一环节可以被任意地取代。最后一点，在整个古代世界中，建构主义的观念都不流行。数学和自然科学都在发现和思考不受其影响的先在的存在者（präexistentes Seiendes）。

很明显，在中世纪，从古代哲学到现代哲学的转换就在准备了——当然，在许多方面，我们确实可以看到，中世纪的科学退回到古代科学之中，到了 15 世纪，人们才真正理解了阿基米德。但是，如果没有这种明显的倒退，就不会具有无限的观念，不会以函数来取代实体，不会发展出建构主义的观念和实验的理论，最终也不会有主体和客体之间的对立。在我看来，库萨的尼古拉是这里的主要人物，他使我们也认识到，现代科学的支持者是何等坚信，只有他们的新的科学理想才能够恰到好处地解释基督教。因为，只有当世界不再是有限的，无限的上帝才具有绝对权威（Prinzipiat）：库萨的尼古拉正是基于这个原因而批判了中世纪的亚里士多德主义宇宙观。

但是为什么基督教的第四个自然概念为第五个，也是最后一个——现代科学的自然概念的出现做了准备？正是因为基督教宣扬一个超越的上帝，所以从本体论的角度上看，自然一定要以一种古希腊人无法想象的方式被其罢黜权力。因为对于古希腊人来说，不仅仅是人，而且神也只不过是自然（Physis）的一部分，并且无论如何，绝不只是隐藏在自然之美中的神话诸神是这样。希腊化的哲学对神的概念做了特别强的去神话化的处理，然而，即使在它的哲学体系中，神学也属于自然。但是基督教就不一样：自然在这里不再是自在的存在者，而是它的存在依赖于它与无限的创造者之间的关系的绝对权威。在对这种关系的重新估价的过程中，包含对自然的去实体化过程，以及转换到依赖参数的函数体系之中的过程。在这方面，唯名论神学自然是特别重要的，因为唯名论神学用唯意志主义摧毁了经院哲学的亚里士多德的本质主义。唯名论是"14世纪的伽利略的先辈"[①]的精神家园，这一点绝非偶然。

确实，唯有一神论才能够增进人们对持存的自然法体系的信仰——多神教不会展开这种对于自然的解释，因为多神教中，互相对立和敌对的神之间可能彼此影响。更为困难的问题是，是否只有一神论的基督教变体才能产生现代科学？在我看来，如果要对这个问题做出肯定的回答，那么基督神学（Christologie）可以是一个非常有力的论证。没有其他的一神教会使人在其教义中处于

---

① 参看 A. 迈尔（A. Maier），《晚期经院派的自然哲学研究》(*Studien zur Natur-philosophie der Spätscholastik*)，五卷本，罗马 1949—1958 年版。

如此核心的位置——如果上帝成为人，那么从意识的角度上说，这会反过来导致人可能且必须成为上帝。但是，在越来越成为现代哲学特征的认识论的主观化转向过程中，人毫无顾忌地取代了上帝。即使库萨的尼古拉崇拜柏拉图，然而人是数学实体的创造者的这种想法还是第一次出现了。不过，在库萨的尼古拉眼中，人只是在他模仿神圣的创造力量的意义上才是数学的创造者。[①] 两个层面上的继续推进是后来发展的特征：一方面，构成人类精神的特征不再与他们和上帝的关系相关，另一方面，人不仅建构了数学实体的世界，而且还一起建构了自然的经验性世界。在康德和费希特那里，我们可以看到，这种夺走自然本身的所有尊严的历程发展到最后会是怎样。

很明显，真实 - 事实原则（verum-factum-Prinzip）为自然科学重新奠基于实验之上这一事业提供了思想支撑，因为人们仿佛用实验重新构造了自然。在这里现代科学和技术的联结被建立起来了，我会回到这一点上来。但

---

① 参看 V. 赫斯勒（V. Hösle），《库萨的尼古拉数学哲学中的柏拉图主义和反柏拉图主义》（"Platonism and Anti-Platonism in Nicholas of Cusa's Philosophy of Mathematics"），出自 *Graduate Faculty Philosophy Journal* 13/2 (1990)，第 1—34 页。基于《数学哲学史中的"创造论"》（„Kreationismus" in der Geschichte der Mathematik），D.R. 拉希特曼（D.R. Lachterman），*The Ethics of Geometry*，伦敦 / 纽约 1989 年版。

是，笛卡尔为现代科学萌芽所做的贡献必须首先被考察。

在某种意义上，在主体性越来越极端地从世界反射出来的发展过程中，笛卡尔可以被理解为这个过程的巅峰。从世界历史的角度来看，在笛卡尔那里，主体性成功地以一种独一无二的方式把自身绝对化了。对其他三个存在的领域——上帝、自然和主体间性的世界——重新估价的必然结果是，主体性使自身成为世界的阿基米德点。把另一个自我（Ich）排除出去是最为残酷的事，如果笛卡尔的世界只包含上帝、我与自然，那么像大多数近代哲学家的世界一样，他的世界是完整的，不管从方法论的角度还是从本体论的角度来说，其他的东西都不扮演什么角色。但是，我作的这几次演讲并不探讨这些问题。

尽管只有上帝能够保证一个客观的外在世界是存在的，但是一旦诉诸上帝，那么我们就不必然地需要建立起自我的自明性（die Selbstgewißheit des Ichs），使得上帝不存在时，哲学仍旧具有不可动摇的基础。因此上帝仍旧是本体论的原则，但是他失去了作为哲学之方法论原则的地位。

笛卡尔的自然学说是理解现代的人对自然的严重破坏的关键。广延物与思维物之间无条件地尖锐对立起来了。重要的是，人本身就存在着思维物与广延物之间的界限，因为人的物理性质——他的身体——也被看作是广延物。思维只不过是人的意识。在笛卡尔的体系中，属于人类精神的、无意识的思维过程并不具有任何位置。我们自己的内在视角总是只向我们自己的自我（Ich）敞开，而笛卡尔在想是否有可能（虽然他最终否定了这种可能性）。首先，不存在外在世界，也不存在其他人；其次，存在着一个除了我之外只有机器的外在世界。但是，当其他人都被置于主体性一侧的时候，笛卡尔坚持认为，非人的自然是完全不具有主体性的，植物和动物是没有内在（Innenseite）的机器。有笛卡尔那样的天才的人会真的认为，比如他的马不能感受到疼痛，这与我们现代人的直觉是相反的。但是不难发现的是，现代自然科学能够取得胜利，必定是因为这种反直觉的理论提供了决定性的帮助。因为首先，一切关于动物实验的伦理考虑都被放到了一边，如果动物是一种机器，那么动物活体解剖也不会比拆一只钟表更加恶劣。其次，不能由外在的测量或检测的方式探明的、关于未知的内在的理论谜团，由此都可以用戈尔迪厄斯之结的方式解决。人们不需要承认，在人类之外的自然之中存在着一个用数学不能理解的剩余部分——一个本身不能量化而只能在质的领域中运动的内在。事实上，把数置于质之上的这种排序是现代科学的另外一个基本标志，而在笛卡尔的几何学观念中已有这种征兆。因为，如果说古代的几何学还在解决比如圆这样的形状和形态等问题，那么笛卡尔已经用数量表达式来取代它们，在 $(x_1+m_1)^2+(x_2-m_2)^2=r^2$ 中，关于圆的有形象的质（anschaulichen Qualitäten）消失不见了。[1]

通过把自然转换为量化的和数学的广延物，物理学成为范式的自然科学（在原则上生物学也必须模仿这种范式的自然科学）。因此，此前人类与自然之间的理知和情感的关系已经不再存在：自然成了人类的他者，它的绝对主权受到无情的限制。在贝克莱的主观观念论中，自然被降格为主观观念的集合。康德的先验观念论承认自在之物是现象背后的东西，但它是不可经验的，因而也不是在一个具体的理知的或感觉的关系中的对象。在康德那里，在自然中可以经验的、我们的自我能够达到的东西是人建构起来的，由于费希特和康德把自在之物降格为神秘的推动（Anstoß），所以他们更为激烈地对自然去形而上学化，即夺走了自然自身的"存在"。自然因不具有主体性，所以必然也被去目的论化[2]。并且，正

---

[1] 参看 V.N. 卡塔索诺夫（V. N. Katasonov），《笛卡尔的解析几何和技术哲学问题》（"Analitičeskaja geometrija Dekarta i problemy filosofii techniki"），*Voprosy filosofii* 12（1989），第 27—40 页。

[2] 参看 M. 施拉姆（M. Schramm），《没有意义的自然？目的论世界图集的终结》（*Natur ohne Sinn? Das Ende des teleologischen Weltbildes*），格拉茨 / 维也纳 / 科隆 1985 年版。

如康德在第三批判中所说的那样，当一种合目的性被重新交还给自然的时候，自然的目的论也通过主观主义的方式被削弱——它只具有自我的意义，而不再是自然的本真存在。

也有人必然做出与笛卡尔主义的自然哲学针锋相对的最有意义的尝试。他们并不以二元论的方式反对主体性的自然，而是赋予自然以自身的尊严，甚至是合目的性和一种笨拙的主体性的形式。与之相关，他们回溯到了古代物理学（特别是亚里士多德的目的论学说）那里——当然，我说的是莱布尼茨、谢林和黑格尔。（一般来说，关于现代性的最为重要的批判者往往对古代的科学和哲学有非常深刻的认识，与之相反，现代的主体主义之父们——笛卡尔、康德和费希特——则把古代的东西推到了一边，只对它们有一些粗疏的认识。）莱布尼茨不承认未知的内在不能直接地经验这一事实（这是一个与笛卡尔相反的后果——且莱布尼茨以这种方式看待一切存在者），在谢林和黑格尔的客观观念论中，自然之所以能动，并非因为它已然是无机的。相反，它是某种自在的精神（Geist-an-sich），其内在的核心和目的是主体性，即使它只有在一个漫长的发展过程之后，才以自为的方式得到解释。但是，不管这个过程如何，自然都具有它自身的尊严——它是绝对的权威（特别是在一个像莱布尼茨和黑格尔那样的反意志论的神学框架之中），但也因此而成为某种有意义的东西（真、善和美汇聚其中，并且在自然之中，人是绝对者的摹本——而不是他自身建构出来的东西）。对于这种尊严，人们必须要予以尊崇和爱戴。确实，基于理性神学的自然哲学传统已然对现代自然科学的自我理解没有什么影响，但是，或许就是因为如此，在我看来，这种传统的复兴和发展是更为重要的。一方面，这种重生和发展促进人们具有一种自然的理解——这种理解可以限制人们不那么压制人的外在本性（äußeren Natur）和内在本性（inneren Natur）——笛卡尔主义在医学中造成的危害不可估量[①]。另一方面，它可以具体地说明，在何种程度上，只要人们在和自然打交道时足够小心，甚至是谨慎的，那么这种交往就绝不会与现代自然科学不相容——这种不相容正是那些关心生态的、反对工业社会的人得出的结论。现代科学的最为尖锐的批判者——海德格尔——几乎忽略了上文所说的现代自然哲学的第二条线索[②]，而这一点实在所关匪细。莱布尼茨在海德格尔的著作中并不扮演一个如笛卡尔和

---

① 参看 P.D. 季琴科（P. D. Tichenko），《卫生：自然科学和人文科学方法报告》（"La Santé: Rapport des approches des sciences de la nature et des sciences humaines"），出自 *Sciences Sociales et Santé* VI 2 (1988)，第61—74页。

② 即以莱布尼茨、谢林和黑格尔为代表的非笛卡尔主义的自然哲学传统。——译注

康德那样的角色。因为对通往自然的科学道路的真理进行的"扬弃"绝非海德格尔感兴趣的东西，他甚至对此加以否定。他只关心这样一种思想家：在这些思想家那里，他们的形而上学会明显地导致对自然完全的贬值。

现代自然科学取得的胜利需要——在实践上不可避免且尤其是为了保护自然——在理论上获得一种哲学的解释，认识到这一点的人需要特别注意莱布尼茨和黑格尔。他们的自然哲学从根本上与经验科学是兼容的，这本来就很清楚。莱布尼茨关于动力因与目的因互相兼容的理论清楚地展现，他虽然承认目的论观念，但却绝不否认他与康德都认同的因果秩序。即使人们认识到，在一定条件下，如果把自然科学的对象做一种去主体化的处理，可能会在方法论的角度上有些便利，然而这仍旧没有在事实上证明，人所不知的内在何以能够通过外在的观察或内省达致（因为在这一观点的基础之上，就像行为主义那样，同类的人的主体性也必定会被否定）。于是，人们会首先寻找除了外在和内在经验之外的其他形式的知识，其次是寻找给这第三种样式的经验提供本体论上的一种形而上学。"不可量化的东西不是真正意义上的存在"这个观点其实是一个教条，它与广义上的经验毫无关系，它基于一个先行的、只能以一种特定的方式认知世界的、绝不必然的理性选项，因而它恰恰是形而上学的。

是什么促使人们选择了这个选项？我认为，如果海德格尔认为，笛卡尔会以如此的方式重新改造自然，是因为笛卡尔依循现代科学出现之后才发展起来的现代技术这一隐秘的动机，那么海德格尔在这里就是对的：培根的统治自然的计划出现在笛卡尔的《沉思录》之前。现代自然科学越来越使自然去目的论化和去主体化，好像它相信它自己可以证明其自身的主权一样，并且主权观念的另一面是要把自然重新改造成技术世界的作品。当然，在这样一个世界中成长和生活的人一定自然地喜欢笛卡尔的自然观，且从情感上就反感任何以往的自然概念基础。虽然原则上说，科学和技术对于自然的兴趣确实是不同的——前者是理论的，后者是实践的，前者只需要沉思，后者需要干预和变化。但是，古代人的"Theoria"和现代的理论态度之间确实也存在着一条深刻的鸿沟（Graben）——关于现代认识的、建构主义的自我理解的鸿沟。真实－事实原则的鸿沟在于，实验科学不只是这种精神原则在实践上的表现。在实验中，自然的一部分被重新创造了——特别是通过抽去干扰因素，保留了让人想起神圣的创造行为的纯粹性。但是，通过孤立出单个的参数，它也就可以被用于技术。简而言之，实验规定通常就像一台机器，并且随着科学的进步，为了能够在理论上进步，它本身总是更加依赖于越来越复杂的设备。（在很大程度上，先天的、既特殊又普遍的爱因斯坦的相对论，使我们在某些方面想起像漂砾一样的、古代的、作为"Theoria"的科学样式。）

我已经提到，在一种特殊的辩证法作用之下，人们也会因为现代主体性取得的胜利而以一种独特的方式受到贬抑。[1] 因为具有肉身之躯的人也是自然的，对于自然的统治也必然意味着对人的统治。这种统治首先是面向他者的，但是在此之后就是面向他自己了。他者不仅做了与我一样的事情，即采取报复且让我屈服于其主权的妄想（Souveränitätswahn）之下，即使主体成功地抵御了他者的反作用，且依照他自己的意志征服了整个自然（包括主体间性的世界），但是他却并不能够在他者之中重新发现自身，由此他自身的主体性也就被夺去了。盯着冰冷世界的东西本身会成为僵死之物，就像透过一面金属镜认识世界一样，主体性缩减到一定程度之后，就会像无尽的客体的世界那样成为僵死之物。

技术的辩证法就是这样：一方面，它证明了人优越于自然，因为它能够把事物看作是某种不镶嵌在自然之

---

[1] 围绕着现代技术的列奥纳多·达·芬奇的恐怖愿景是激动人心的。参看他的《预言》（"Profezie"），出自 A. 马利诺尼（A. Marinoni）编的《达·芬奇文集》（Scritti letterari），米兰 1974 年版，第 115—138 页。

中的东西，且使之为己所用。最早的使原始人与动物之间划清界限的技术产品就已经对应于这一抽象的环节（尽管许多技术成就回到了对自然的模仿之上）。是的，与制作技术工具相联系的、对满足需求的否定完全处于一个禁欲的环节之中。而另一方面同样清楚的是，技术满足了更快、更广阔、更为强烈的需求——即首先是自然的需求，因为人们要满足精神的需求，那么他们就必须优先地去进行理论运作（在一个有限意义上说，人们只能用技术设备才能缓解这种需求）。在这个过程中，技术把人从自然那里解放出来，把人重新与它联系在一起，因为它创造了新的需求——即元需求（Metabedürfnisse），以一种特定的、以技术为中介的方式得到满足的需求。与之相对应的是现代科学的无限主义（Infinitismus），即认为与前现代的技术不同的、全速发展的现代技术就其本性而言是无限的——如果一种需求被满足了，那么一个个新的需求就又被无限地创造出来，因为总是会有一个更多、更大、更快的东西被构想出来，不会有任何特定的尺度。

毫无疑问，现代科技使人的生活变得更加轻松——比如，它通过提升或者替代人的器官机能的方式，越来越减轻人的工作强度。首先是运动器官机能，其次是感官机能，最后是具备思维过程。前现代技术的运用仍旧需要借助于人力，机器技术则主要需要的是精神的控制，而计算机更是最大程度上替代人力和精神能力。[1] 但是人被计算机所取代之后，他也就不能通过工作与世界建立起联系，如果他不能成功地在精神的世界中有所创造的话，那么就必然会导致主体性过剩（Luxuration der Subjektivität），它是被完全物化的和祛魅化之后的自然的反面。在一切文化的晚期阶段，人们都可以发现社会内聚力崩解的征兆。而在现代的、世界历史中的新的东西——即现代技术——的作用之下，这种征兆愈加明显，以至于让人感到害怕。而这规定了 20 世纪晚期的，至少是西欧国家的历史位置，而这也是政治很少对生态危机做出反应的原因之一。[2]

正如我所说，人类的可行性错觉（Machbarkeitswahn）——即认为只有那些被人本身创造出来的东西才是有效的——正是推动现代技术发展的第一推动者（primum movens）。但是，现代科学能够取得成功，是因为它的方法是抽离去一切自然中的合目的性和主体性，因此，现代技术所创造的产品必定不关心自然的整体。

---

[1] 参看 H. 施密特（H. Schmidt），《技术发展作为人类变革的一个阶段》（„Die Entwicklung der Technik als Phase der Wandlung des Menschen"），出自 *VDI-Zeitschrift 96* (1954)，第 119 页。

[2] 参看 A. 盖伦（A. Gehlen），《道德的和过度道德的》（*Moral und Hypermoral*），法兰克福 / 波恩 1963 年版。

我们的地球是否可以真正地像盖亚理论[①]认为的那样被理解为有机体？这一点可能是成问题的，无论如何，很明显，在其中存在的不同层面之间的交互作用是特别复杂的，它呈现一种最为精巧的自然的平衡，这种平衡不能让任何个别的产品得到满足。但是，现代技术显著地以一种不可想象的方式改变了生物系统和社会系统的互相依赖关系。避孕手段、大众媒体和大规模杀伤性武器永远地改变了性、交往与对战争和对外政策的现实认知的本性。[②]但是这些改变并不是我在这里关注的问题。技术在社会方面的副作用——以及把外在世界转换为纯粹的对象性——导致了全民控制（Massenbeherrschung）这样的社会技术的出现。只要我们没有成功地从基因的角度重新对人做出规定（在真实–事实原则的逻辑中，生物学会尽其所能实现这个目标），那么至少人们就必须

---

① 参看 J.E. 洛夫洛克（J. E. Lovelock），《盖亚：重新审视地球上的生命》（*Gaia: a New Look at Life on Earth*），牛津 1979 年版；《盖亚的时代：我们生活的地球的传记》（*The Ages of Gaia: a Biography of Our Living Earth*），牛津 1988 年版。我们在俄罗斯宇宙学家的著作中看到类似的观点，比如 F.K. 西雷诺克（F. K. Girenok），《俄罗斯宇宙学家》（*Russkie kosmisty*），莫斯科 1990 年版。

② 参见 G. 安德斯（G. Anders），《过时的人：论第二次工业革命时期的人的灵魂》（*Die Antiquiertheit des Menschen. Über die Seele im Zeitalter der zweiten industriellen Revolution*），慕尼黑 1956 年版；第二卷《论第三次工业革命时期生活的毁灭》（*Über die Zerstörung des Lebens im Zeitalter der dritten industriellen Revolution*），慕尼黑 1980 年版。

要影响社会，以便人们可以用社会质料来实现主体性的目标（它可以是单个的目标，也可以是一个共同的目标）。对自然的控制扩展为对社会的控制，最终演变为人们因用何种方式控制社会而进行斗争。最能描绘现代性特征的莫过于创造一种新的人类的极权主义理念——这种理念在古代世界中最为残暴的暴君看来都是完全荒唐的。因为极权主义是某种特殊的现代性，不转换为政治的真实－事实原则，就不能理解它。人们在世界各地布满大规模杀伤性武器的武器库——不同的意识形态的操纵者威胁用它互相威胁、共同毁灭，而这恰恰以最为残酷的方式揭示了量化的、对象化的思维有多么疯狂。意识形态的自我主张的意愿恰恰与一种让自己的种属与许多其他种属一起自杀的思想并行而生，而这事实上可以使地球变为一个无机的、不具主观性的、纯粹的客体。"我把你完全消灭，以此使你完全成为客体。"这种自我主张的意愿向镜子中的倒影大叫，而忘记了——或者接受了？——同样的事情也会发生在他自己身上。但是他很容易想不到这个，因为他自己僵化成了对象。他相信，正如《后宫潜逃》中奥斯敏（Osmin）威胁在后宫执行多重的死刑（"先砍头，然后被插在热棍上"）那样，摆出过度杀伤的可能后果，就可以使他自己看起来更具威胁性。没有什么比这种"过度杀伤"的概念更加能够展现量的思维对质的思维的疯狂胜利——好像它在人是死了一次还是死了两次之间做出区分,好像死亡不是一种绝对的质的界限。

正如上文所述,现代工业社会的上层建筑回到了科学、技术和资本主义经济的三位一体:如果不运用科学和技术手段,那么现代经济就达不到与古代社会不同的理性化程度。回过头来说,如果没有经济利益的刺激,那么技术的世界就不会如此快速地发展。但是,在我看来,在这里同样重要的是,要在因果的相互作用关系之上看到资本主义、现代社会和技术之间的意义联结。三个共同点马上就出现了。在资本主义的经济形式中,至少在意识形态方面,个人不再能够出生在一个像封建社会这样的社会中——通过工作,人不得不首先成为他想要成为的人。"自我成就的人"这个理想所体现的正是从社会结构角度理解的真实 – 事实原则。第二点是:正如马克思非常正确地看到的那样,在资本主义之中,一种商品的交换价值胜过使用价值——但是因此,相比于用货币来表达数量的价格,商品的特殊的质失去了它的意义。通过把货币的形式强加到每一样商品和每一样服务之上,资本主义在经济的领域继续了笛卡尔的那项把质转换为量的事业。第三,通过这种转换,无限主义获得基础:"诚然,G 变成了 G+ΔG,100 磅变成了 100 磅 +10 磅。但是单从质的方面来看，110磅和100磅一样，都是货币。从量的方面来看，110磅和100磅一样，都是有限的价值额……因此，资本的运动是没有限度的。"在一种深刻的意义上，马克思把这种精神形式（forma mentis）与古代的精神形式相对，并且引用了亚里士多德在经济学与家政学（Chrematistik）之间做出的区分。亚里士多德对经济学是重视的，因为它有一种内在的界限，而他却拒绝家政学，因为它要无限地使财富增殖，却没有恒定的目的。①

　　现在，毫无疑问的是，资本主义的生产方式（上文提到的趋势也并没有在其他经济形式中得到克服）以一种其他任何经济形式中都无法想象的方式，使得人们能够满足基本的需要，而相比于一切过去的经济形式，资本主义的生产方式最能够让尽可能多的人实现自我规定（Selbstbestimmung）的理想，特别是资本主义生产方式因为福利国家的发展而受到限制之后。就此而言，人们必须对资本主义生产方式和现代技术给予部分同情，并且必须抛弃任何逃离现代技术和现代资本主义的想法。如果没有技术和经济，环境就不能被拯救。②

---

① 前引《政治学》1256b 第 27 等页，1257b 第 41 等页。

② 这与所有"避世者"都针锋相对。这让我想起 C. 埃默里（C. Amery），《作为政治学的自然：人的生态机会》（*Natur als Politik. Die ökologische Chance des Menschen*），赖因贝克 1976 年版。

另一方面，同样清楚的是，现代世界的无限主义（比如，就像在工业革命之后的人口统计的发展中显现的那样）并不能持续——而这甚至是出于平庸的理由，即地球是圆的，且地球的表面是有限的。增长存在着客观的界限，而人类如果以无限的进步为名义来冲破界限的束缚，那么他们就必定会招致灾难。并且，人的另外一条客观的界限是死亡，死亡的压迫是现代工业社会的必然特征之一，也是大多数现代人以平庸的方式活着的最深层次原因之一。因为人终有一死，所以为自己的孩子和孙子积累财富就是合理的了——与此同时，在他们脚下的生命的基础就被取消了。这真是一个多少有些荒诞的过程。

经济上的进步观念是如何出现的呢？稳定是古代政治的主要目的之一，这一点十分重要。在古代世界，正如汉斯·约纳斯非常正确地指出的那样①，进步是与纵向维度相关的，在人们自身的生命过程之中，需要实现某种提升到超越的、理想的世界的特定的道德净化（Reinigung）。现代把进步的理念"视野化"（horizontalisiert）了，未来的（但是仍旧在经验的世界中）世界应当比现在的世界更好。但是，在这种视野化中，似乎还有一个重要的变化，对于康德来说，进步

————————

① 前引《责任原理》，第225等页。

意味着的是人们在实现法的理念的过程中的进步，但是形而上学意义上的信仰消失了，那么进步就被简化为社会世界中可以量化的和可以测量的东西，即经济的进步。国民生产总值的增长变成国家进步的最为重要的标准。

为了解释这个过程，我们有必要再次提到卡尔·施米特的《中立化与非政治化的时代》。与宗教－国家－经济的三合一相平行的是，施米特把下面这个中心区域的序列留给了现代历史：神学、形而上学、政治和经济，分别在 16、17、18 和 19 世纪中构成当时精神生活的焦点。[①]从一个中心区域到另一个中心区域的变化缘于人们相信，之前的中心区域是中立的和去政治化的。神学的、后来的形而上学的，以及最终的道德问题应当留给私人的领域，在这些领域没有必要达到政治的共识，而只有一些经济领域的进步标准才有必要达到这种共识。施米特把握住了现代历史中的一些本质的东西——经济的－技术的思考取得胜利的过程与如下的事实有关：即人们相信，在这里人们发现了某种客观的、明显的东西，以至于它能够终结一切无穷无尽的意识形态争议。

但是，在 20 世纪末，我们认识到，这种念想是一个

---

① 《中立化与非政治化的时代》，前文已引，第 80 等页。

错误。正如经济体系之间的争论展现的那样，道德的选项进入每一个经济体系之中，如果人们没有把握存在的整体，那么他做出的选择就一定是任意的。如果其原则还是完全未知的，那么它就不能被理解。经济预设了道德，道德预设了形而上学，形而上学预设了神学——在我看来，这种归因理论的秩序不能动摇。另一方面，同样正确的是，如果上帝的理论不关注绝对者展开的存在的领域，那么它就仍旧是不完整的。这种存在的最为神秘莫测的和宏大的领域是，有限的理性存在者必须做出道德的抉择。最终，如果道德并不对自由和公正的经济秩序的建构标准做出评价——且不依照目的理性的逻辑做出评价，并不是把它统摄于其下，而只是对它做出抽象的否定，那么道德就是失败的。

现代政治和思想史的最大错误在于，它们误认为，一切本质的问题都可以转换为目的理性的问题。出于这种需要，提升到存在之中心的主体性应当把一切它之外的东西转换为一个可以量化的对象，并且依照主体的喜好转换和支配对象。要说明这一点并不难，但这并不是本次讲座的主题。同理，现代社会科学和精神科学不仅不与目的理性赢得胜利的过程针锋相对，而且还屈服于后者，说明这一点并不难，但这亦不是本次讲座的主题。虽然亚当·斯密的国民经济学仍旧在广义的伦理学中占有地位，[1]虽然在19世纪和20世纪早期，国民经济学经常被看作是广义的社会科学的一部分，但是现在，单纯量化的视角获得优势。而即使量化的思维并没有在社会科学中占据支配地位，但是价值中立的假设导致社会科学不能填平目的理性和价值理性之间的鸿沟。因为仅仅对社会上实现的价值体系做客观的描述并无助于解决规范性的问题：何种价值体系更为合理，更有道德？

精神科学也已经不再回答这些问题。现代历史意识的起源与笛卡尔的自然科学有莫大的关联：它们二者都将对象"去主体化"了，使之萎缩为"客体"了，这使得人们可以通过思想和技术的方式占有客体。但是，虽然无机的自然至少没有完全失去其本质，但是它已经从一个人们想要从中学习的对话伙伴，转变为一个人们想要从中获取信息的纯粹对象，而这种转变带来的是毁灭性的后果。其中潜在的反讽之处在于，这种使其对立面失去主体性的对象化方法被称作是"客观的科学"。[2]古典语文学曾经启发从维科到尼采，再到海德格尔这些最为重要的批判者们，但令人感到郁结的是，它在今天已

---

① 参看 A. 斯密（A. Smith），《道德情操论》（英文，1759年版），由 W. 埃科斯坦（W. Eckstein）翻译，汉堡1985年版，中译本北京1997年版。

② 参看伽达默尔（H. G. Gadamer），《真理与方法》（*Wahrheit und Methode*），图宾根1960年版。

经沦为"客观的科学"的机械装置中的一个齿轮,却还在自吹这种转换获得了一种完整的文化意义。

精神科学不应该放弃科学的理念,就像莱布尼茨一样——而不像尼采和海德格尔,维科指出,如果面对人的对立面,人们承认后者自身权利的主体性,那么这种承认就是完全与理性方法论相兼容的。但是只要这种承认还未发生,一种对科学的批判就可以,甚至需要把方法论–启发式的虚构——人们不能采用对特定问题做出回答的方式来否定它的有用性——假扮为唯一理性的、达到现实的通道。站在这种科学——它把自身从关于最高原则和价值的哲学问题之中解放出来——背后的,是现代的主体性,是它展开了征服的运动,摧毁了为整个世界(包括其自身)建基的绝对者理念,并且通过把一切外在的东西转换为一个纯粹的对象,而其最终的结果是摧毁整个星球以及它自己。但是,现代主体性取得的胜利和成功以一种特殊的辩证法,说明了它的前提就是错误的。很明显,一种客观的、合法的力量驱动着现代的主体性——否则,它们就不会取得如此压倒性的胜利。现代的发展背后站着的并不是自由意志的选择——在它看似摆脱了任何控制的运动之中,存在着某些强制性的东西。有时,西方文明正如米哈尔科夫的电影《爱情的奴隶》中的女英雄,她最后坐在一辆没有司机的有轨电车中，随电车很快驶出人们的视野，消失在雾中。

但是希望恰恰萌芽在这种强制性的东西之中。如果绝对的存在自身在现代主体性之中得以表达其自身，如果——正如海德格尔不理解的那样——只有进行反身性的自我弥补（Selbsteinholung）才可以让理论变得前后一贯，那么我们可能会希望，我们这代人看到的、扩展为技术的主体性的可怕痉挛，既不是发展的终结点，这种主体性也不只是一条歧途。因为我们的理论，作为这个时代的一个产物，不能算是真理。我们可能希望在人类历史（甚至是存在的历史）上会有一个转折点，我们可能希望，道德的自律（它甚至也是现代主体性的一个产物）会允许我们适时地制止现代技术的魔像（Golem）。我们可能希望，有善良意志的人们联合起来，能够成功地为一个如下的世界而奋斗，这个世界中，个人的自由不仅与共同体的权利相协调，而且还与一个不单纯被思考和感觉为广延的自然相协调。简而言之，不同的人类的自然概念的发展方向发生着改变，并且在一个更高的层面上，回到了最初的状态，且构成了一种综合。

但是，我们不知道，当我们都坐在一辆驶向深渊的火车上的时候，这列火车的车头是否能够恰好保持理性。我们也不知道，理性是否能够适时地把这列火车停下（特别是刹车之后还需要滑行很长一段距离它才能停下）。

然而，现代世界的火车头是什么？当然是经济。但是它的运行原则、它的发动机是流行的价值和现代哲学的范畴——可行性错觉、超出一切量的界限以及对自然的冷酷无情。如果哲学不把责任当作一个空洞术语，那么首先，它将会不得不尝试着创制出新的价值；其次，必须把它们推广到社会和商业领袖那里——并且动作还要尽可能快——因为时间紧迫。

第三章　生态危机的伦理后果

请不要有误解：我们绝不能为了阻止生态危机，就以为可以或者应该否定现代的主体性。科学的理念——把存在者化约为几个原则的尝试——是崇高的，且正如古代科学表明的那样，它在本质上是与哲学的事业相关的；如果要像海德格尔那样，最终寄希望于抛弃现代主体性的理念，那么这将意味着在人类意识历史上会有一个可怕的倒退。摧毁科学和理性并不是我们所需，我们需要的是让它们转型。科学必须变得更加整体化，它必须不把它的对象化约为一个客体，且认为它不具有主体性，科学必须把其基于因果性的方法嵌入一种以善的理念为核心的本质认识方案之中，科学必须在客观观念论的意义上纠正其建构主义的自我误解。——现代技术不能同时被遗弃。但是，我们在问"这是可以做的吗？"的时候，还需要伴以"做这个是有意义的吗？"这个问题。技术工人应当首先评估他行为的生态和社会后果，如果得出的评估是负面的，甚至当人们对其行为有所怀疑时，技术工人也应当不再考虑实现这一技术理念，在这个过程中，他应当把他放弃的能力（而不是对一切需要的满足）理解为一种更高形式的自由。

现代主体性的最为伟大的产品之一——我所说的就是康德的普遍主义伦理学——为这一观点提供了支撑。这种伦理学事实上是现代性尤其引以为傲的某种东西，它急切地反对一切退步的企图，并且为市民时代至今的道德优越感奠定了基础。确实如此。因为，"每个人——（比如在古代）不论他属于哪一个城邦，（比如在中世纪）不论他信奉什么宗教、有何种社会地位——都有其同等的权利"这一观点，就内容而言意味着一场针对一切道德的革命，并且不是外在地把道德律强加在人之上的形式上的革命，而是构成人最为内在的本质。在实践哲学中，康德重获了他在理论哲学中摧毁的、关于绝对者的维度，这一点上他与海德格尔（甚至是整个20世纪的哲学）不同，因为后者不能把他对于绝对者的宣言（表现为道德律）统合进他的哲学之中。（在这个意义上，即使有人认为，海德格尔也属于"座架"[Gestell]，我也不会觉得离谱。如果说海德格尔属于"座架"，那么这种说法也表达了，他——作为一个历史学家——不具有自己的"自然"概念，而仅仅有一种关于不同的存在史的自然建构的理论，就此而言，他也深受建构主义的影响。虽然这种历史不是某种单纯主观的、由人构造的东西，但是它表达的存在并不以一种现实的自然的方式被构想出来。）康德的伦理学可以教人克服形式上的自由概念，他相信自由就在于做自己想做的事情；康德能够把观念引向一个问题，即自由更多存在于正确的意愿之中——意图不法的人（甚至也许具体地说，即使他满足于他的意志）是不自由的，因为他的需求并不来源于他的个性的本质核心，而是来源于他律的自然，是内在的刺激及社会等因素诱导出这些需求。

但是，生态危机需要康德伦理学在三个不同的方面继续起作用。首先，形而上学方面——在此我只需点出这一点，因为我已经在其他的地方做出解释[1]；其次，道德律的具体内容方面；最后，动机问题方面。至于第一点，我和康德一样，相信规范性的命题不能来源于描述性的命题，但是这并不意味着我支持任何一种把存在区分为事实的世界和规范的世界的二元论本体论。因为在这种本体论之中，包含自然在内的经验世界一定缺乏其

---

[1] 参看 V. 赫斯勒，《康德实践哲学的伟大与局限》（"The Greatness and Limits of Kant's Practical Philosophy"），出自 *Graduate Faculty Philosophy Journal* 13/2 (1990)。

自身的尊严，而这绝非生态危机的时代所需。但是正如汉斯·约纳斯的发现，这种批判难道意味着要回到亚里士多德的本体论（因此汉斯·约纳斯拒绝了休谟对自然主义的谬误的批判）？[①] 在我看来，在亚里士多德描述的存在的一元论和康德的事实与规范的二元论之间，存在着第三条道路——接受道德律是经验世界之原则的观点。据我所知，人们对此感受到的陌生，就像人们会对解决认识论的接受主义–结构主义难题的客观观念论方案感到陌生一样；虽然如此，我认为这一点还是正确的。道德律属于人们自己的理念世界——康德在这一点上与所有亚里士多德主义者相反——但是即使如此，从本体论的角度看，还是没有什么东西极端地外在于自然世界，因为它更多的是自然世界的基础。理念世界存在于以产生精神为顶点的、自然的发展过程中；就自然参与它的结构这一点而言，自然本身就是某种有价值的东西。在我看来，自然主义和先验哲学之间并不仅仅是互相排斥的：的确，一方面，自然本身与精神相对，但另一方面，在最后一次演讲中，当我谈到人所持的不同自然观的时候，我会同时谈到自然自身在人之中且通过人表达的意义。因为即使在最早的生物之中，是与应当之间的差异

①《责任原理》，前文已引，第 96 等页。

就已经暴露，且这种差异在植物、动物和人的发展过程中越来越得到深化。此外，这种是与应当价值之间的差异造成了生物只能通过同化其环境的方式保存其自身——这种同化活动越复杂，有机体自己就变得越高级。植物为了喂饱自己，只是消解矿物质；异养生物、动物为了自我保存，要求有机的实体。主体性越强，与周遭自然的对立就越强——这是自然本身的一条法则。因此，人们可以认为，基于自然的辩证本质，最终会发展出思维与广延之间对立这一笛卡尔式的学说，而这种学说会变得越来越复杂。具有悖论意味的是，在生态危机之中，自然的最为内在的发展倾向以最为清晰的方式证明了自身。当然，因为动物具有有限性，所以它们并不会消灭它们生活在其中的生态系统的否定性回馈。狮子不会杀死所有瞪羚，这样就确保了它们自己能够活下来。随着人类的力量变得无比强大，这些平衡机制必然会被摧毁——如果人类没有聪明到把他们自己理解为自然的卫士。

另一方面，只有在先验哲学的意义上，我们才能理解自然必然地产生主体性这一事实：当我们认识到主体性是不可避免的时候，我们才使自己提升到了一切经验的东西之上；我们意识到，这种经验的东西（也就是说，自然）的根据在主体性之中——但并不是在我们的、来源于自然的主体性之中，而是在绝对的、理念性的主体性之中。这是自然的本质，这也就是为什么自然能够——且必定——把自身纯化为一个有机的，甚至是精神的世界。

通过从形而上学的角度重估自然的价值，针对与道德律之内涵相关的第二点，我们可以对康德伦理学做一个重要修正：自然也是道德义务的对象。这就是为什么自然也参与了理念性的框架——自然存在物实现了价值，且这些价值不能无缘无故地被摧毁。在这里，无缘无故（Ohne Not）意味着：还没有到要维护一种更高的价值而合法地违背此价值的地步。由此，我们就少了一种价值伦理学（Wertethik），事实上，就算我们把生态危机的问题放在一边，我仍旧会认为，如果没有质料的价值理论，那么伦理学就不能不是抽象的。[①] 我也相信，如果建基于客观观念论，那么一种质料的价值伦理学就可以完美地与康德的自律理想相协调。

但是到底怎样去规定自然与精神之间的关系呢？大家都清楚，一个人的生命总是比任何动物的生命更加重要。因为即使在任何一种有机体那里，价值都实现了，那唯一有能力确定价值、不断地思考有机体之价值的存

---

① 观点基于：M. 舍勒，《伦理学中的形式主义与质料的价值伦理学》（*Der Formalismus in der Ethik und die materiale Wertethik*），柏林／慕尼黑 1980 年版（中译本北京 2004 年版）。

在物（人）的价值，也是无限优越于价值本身的。当然，对一种自然存在物的价值的认识，是某种比这种价值的本身更高的东西。但是这并不意味着一切活着的自然物都可以被牺牲，用来满足的人的任何喜好。比如，就上百万年自然选择过程的结果而言，有如此多样的物种，如此多的自然智慧，以至于只有一种情况下的毁灭——有助于保留人的生命（比如消灭舌蝇）——才是道德的。但是，我们绝不允许为了建设进一步提升人类的移动能力——不管这种位移到底有什么意义，而能够越来越快地离开他们自己所处位置的能力——的高速公路，而用混凝土浇在那些只能让特定的物种生存下来的群落生境上。因为客观观念论认识到，自然（特别是有机的自然）中存在理性，所以它主张在干预这种自然的时候要更为小心（为了不再干预人类自己的生物学的自然）。① 几千年来，为了适应周边环境，人们会让河流改道——尽管原则上，这种河流改道可能造成积极的影响，而不仅仅造成消极的影响，但是事实上，这样的好事却通常不可能发生——工程师缘于选择性的认知，只会看到积极的

---

① 参看 U. 斯特格（U. Steger）编，《自然的建立：基因技术的机会与风险》（*Die Herstellung der Natur. Chancen und Risiken der Gentechnologie*），波恩 1985 年版。这里所谓的"人类自身的生物学的自然"即人类的生物学基础，即基因。这一基础被"干预"，其实指的是基因工程对人类的基因的改变。——译注

影响，而故意忽视它在生态和美观方面造成的伤害，毕竟这些伤害事实上非常难以量化，而直接的经济上的好处却是实实在在的。

一般而言，生物比人造物更加有价值，而这并不是因为前者是自然的，而后者不是自然的——正如我所说，自然性（Natürlichkeit）绝不是有效性的标准。但是存在着一种强哲学的证据来为生物相对于人造物更优越这一点做辩护——用康德的话说，生物具有一种内在的合目的性，而人造物只有一种外在的合目的性。但是，正是这种内在的合目的性相对于外在的合目的性而言，与自我规定的原则更近，所以它才具有更高的价值，且在其他条件不变的前提下，人们不应当为人造物做牺牲。如果人们想要生活在一个技术的世界中的疯狂意愿，不只表现为想要造出一种能够运行良好且能达到以自然的方式不能达到的目的的机器，而且，人们还想用死东西来替代活东西，那么这种意愿就不免会被描述为太过悲惨了。安徒生在他那个关于夜莺的著名童话中，非常巧妙地揭示了现代世界的内在的发展趋势。他用饱含深意的笔调写道，在死神面前，皇帝回想的是活的夜莺：因为，掌管生死大权的死神使他在自然世界中感到孤独，虽然皇帝把人造夜莺带到宫廷的机械盛典之上，然而却是活鸟的歌声赶走了将要带走皇帝的死神。

但是，人们会反驳道，如果自然明显不能是主体的话，那么它何以是道德义务的对象呢？如果它没有申诉的能力，那么它具有怎样的权利呢？我想，在这里，存在着一个具有范式意义的经典例子：孩子。孩子还不具有完整的理解能力，也不能履行职责，他还没有意识到自身的权利。但是，不管是从道德的角度，还是从法律的角度，人们都不允许杀害孩子（当然，纯粹对等的权利关系的代表——费希特——会认为，谋杀小孩是自然正当的[1]），并且在成人（那些一般出于自然倾向而去保护孩子的权利的人，即父母）过世的情况下，古代的法律就已引入监护人机制。

事实上，在个人私利的代表之间寻求对等这一典型的现代建构，似乎不足以重构我们最为原始的价值机制。孩子和年长的契约当事人绝不一样，因此，"代际契约"（Generationenvertag）这个概念本身就是错误的。我们不能从契约义务的角度来理解代际关系，认为因为我的父母在我的儿童时期或他们当父母的时候照顾我，所以我不得不照顾我的父母或孩子，因为在我出生之前，这些条款并没有征得我的同意。如果把权利归因于契约关

_____

[1]《自然法权基础》（„Grundlage des Naturrechts"），出自《费希特著作集》（*Fichtes Werke*），十一卷本，I. H. 费希特编，柏林 1834—1846 年版，柏林 1971 年再版，III 第 361 等页。

系，那么即使在我无助的时候真的获得了好处，我也很难感到我有义务照顾那些已经变老的恩人。当然，那些已经变老的恩人也不能要求我必须生小孩，并且给予孩子们以类似的恩惠。

请注意：我把儿童完全看作是权利的主体，甚至我把儿童看作是一种义务，更为准确地说，我并不把他看作是个体，而是传承生命的人。但是对我来说，很明显的是，这种义务不能基于现代的自然权利。这种自然权利绝对是打着笛卡尔的旗号的，它来源于对独立的、拥有主权的自我的虚构。但是，事实上，在刚出生或生命走向终结的通常漫长的阶段中，人恰恰不是自律的（极具讽刺意味的是，在现代技术的时代——即自律的理想取得胜利的时代——更是如此）。人有这样的缺点，绝不仅仅是出于自然的原因，而且还有更深的形而上学意义上的原因。它迫使人类必须发展出超越单纯对等的利己主义的本能和感觉。但是现代自律的理想的必然后果是，主体会像排除自律的后果那样排除那些构成自律之前提的东西，它取代既成的事实，就像它取代"它会在某一天不再存在，但世界仍将存在"这一艰难的事实那样。正如上文所说，包括其自身的历史传统，存在于一切自然进化之前；未来世代会跟随其后——在主体性于世界范围内占据主导地位的过程中，这两者就都成为巨大的失败者。在存在的整体之中，就其本质而言，主体性占据主导地位的时间不会持续很久，它必然会垮台。因为绝对的当下是时代的样态，它会以最为激烈的方式否定过去和未来。[1]人们已经对这个时代的本性有了许多理解，在整个智人的历史上，唯有在当下生存着最多的人。当下吞噬了整个过去。但是当下的这种胜利是欺骗性的，如果忘记其自然和历史的基础，那么未来的当下就会成为空中楼阁。人们如果不把自己看作是整个历史发展的一部分，那么他们就不会对未来有责任感——因为自他们的灵魂深处，他们会认为没有什么东西值得流传下去。因此，只有对自身的过去怀有虔诚的感觉，人们才能够增强对未来世代的义务感。

但是这些义务来源于何处呢？那些还不存在的人何以具有权利？如果现在人类一致同意毁灭人类自身，那么到底是谁犯了错？为什么使这个星球适宜未来世代居住是一种义务？一个孩子、一个胎儿，甚至某一生物都代表着自身的价值，但是在未来时代，情况如何？我们无法证明，未来时代——比如孩子——潜在地是理性的

---

[1] 从归因理论的角度而言，尼采的《非道德意义上的真相与谎言》（„Über Wahrheit und Lüge im außermoralischen Sinne"）是哲学史上前后最不融贯的文本。但这种关于人类在宇宙中存在的时间很短的观点，是确定无疑的。并且，当他说"把自身误解为具有主权的主体性是理性的本质，而它必然会毁灭它自身"的时候，他说得很对。

存在者。因为在孩子那里，潜能是实在的；如果不加以干预的话，那么随着孩子长大，他的潜能就会实现自身；但是对于未来世代而言，没有什么现实的潜能，且如果我们阻碍其出现，那么可以说，在某种意义上，未来世代甚至不是潜在地存在的。但是，让这个星球适宜未来世代居住这种义务是无条件的。为什么？恰恰是因为人能够听到道德律的声音，人才成为最高级的存在者。所以，世界如果没有人类，从价值的角度来说，它就会绝对不如有人的世界。因此，导致世界不再有人类的行动或疏失，是人们可以想见的最不道德的事情。当然，人们只能在一个转义的意义上来谈论未来世代的权利，但是人性——人的理念——具有一个无条件的诉求，即也在未来世代实现自身。

然而，很明显，智人在数量上的单纯增加并不能导出道德。当人可以是道德的时，他才具有尊严；对于人来说最大的侮辱莫过于，他违反道德律，且举手反对其他的人类尊严的代表。因为有限的地球只能养活特定数量的人，因为在这些生物学的界限之前，社会的界限也有了价值，以至于要逾越这一界限，就会自然地导致种内攻击大大增加。这意味着人们不再能够对人口增长坐视不管——如果不能避免社会灾难的话，那么人口增长必须慢下来且马上停下来。如果让尽可能多的孩子来到世界上的权利普遍到压倒了自然，那么这种权利就不再能够被认可，为了让人类存活下去，人这一物种恰恰必须被限制。权利只在特定的历史条件之下才有意义，绝非普遍有效，以至于出于更高的权利和价值考虑，我们可以对权利有所限制——如果人们以一种与普遍主义的伦理学相协调的方式，即二者同样受到公正和平等的对待的方式进行限制——而那种所谓的权利正是这种权利的经典范例。如果地球不像今天这样人口稠密，如果儿童的死亡率远远高于现在的死亡率，那么这种权利就是有意义的，如此一来就算我们有两打孩子也是道德的。但是现在，国家对这种权利加以限制是必不可少的。固然，自由意志总比强迫要好，固然，已经出生的孩子也有生存的权利。我不认为放开堕胎的禁令是解决人口问题的道德的选项——即使那些认为完全由基因决定的胎儿没有生存的权利的人，不会怀有一种对未来的世代的责任感。但除此之外一切的手段都是合法的，甚至是必需的。遗憾的是，避孕药不仅让性与生育脱钩，而且还让性与爱脱钩，而如果没有爱的话，性就不具有道德的尊严。即使我并不反对在生下第二个孩子之后进行自我结扎，但避孕药是不可避免的。小家庭必须成为环境的世纪的主要建制，反对这种发展的地区将不能够履行道德的义务。

一般而言，环境的世纪中，伦理学最为重要的使命将会是拒斥不受限制的现代性，且找到解决的办法——而不仅仅是诉诸增长。人们不得不放弃近四十年来伤害环境的新需求，因为事实上如果这些需求普遍化之后就会摧毁地球。（我强烈建议那些还没有接受这些新需求的人一并放弃这些需求，而不是回头再去放弃这些需求。）这会让很多人感到为难，不仅因为人的懒惰和安于舒适，而且因为在很多社会的社会结构中，看谁有社会特权，就看他是不是能满足最为荒唐的需求。[1] 我们不得不再次学着不要把贪婪（Pleonexia）——"总是想要更多"——当作是好事，而是要学会古人那样的性格特征，以最为决绝的方式来揭露人的卑劣和野蛮；我们不得不再次学着说，"这就够了"；我们不得不再次学着喜欢界限，我们需要苦行的理想。当然，如果说早期文明已经在最大程度上实践苦行的理想，那就太幼稚了，大多数在那个时代的人不得不放弃需求的满足，只不过是因为有限的经济状况不能让人有其他的选择。但是无论如何，这些理想曾经是理想，并且那些选择一种苦行的生活方式的人一定是受到了他们同时代的人的钦佩。但是，人们不再对使这些理想完全消失的我们的社会结构说些什么，

---

[1] 参看 Th. 范伯伦（Th. Veblen），《有闲阶级论》（*Theorie der feinen Leute*, 英文 1899 年版），慕尼黑 1981 年版。

甚至例如在美国，奢侈成为某种形式的基督教的自我认识的表达（因为奢侈是共产主义的反面，而上帝仇恨共产主义）。[1] 用维科的话说，如果一个社会用其"幻想的共相概念"（包括榜样在内的示例的普遍概念）来最为清晰地表达它的本质，那么人们一定会觉察到一种压迫感。希腊城邦的榜样是史诗与悲剧中的英雄，中世纪的榜样是传奇中的圣人，但是我们当代文化中的榜样至多也不过是年轻的运动员和摇滚明星，一般都是些广告人物：万宝路先生取代了阿基里斯、辛辛纳图斯和圣马丁。

但是，我们今天所需的苦行的理想不能建立在宗教之上，也就是说，人们必然不能以拒斥尘世的方式来获得天堂的享乐。因为通过这种方式，享乐仍旧还是人们自己行动的目的，并且如果对于天堂的信仰崩塌了，那么结果当然只会是尘世的消费主义。一定程度上的苦行一定要被视作是人们自己自由的条件：那些为了让自己在身体上感觉好受——甚至是为了获得那些全靠享乐给予自尊的人的认可——而需求很多的人，必定不是一个自由的人；相反，无欲无求是自由的尺度。也许斯多亚主义理想的复兴是留给人类最后的机会。

---

[1] 关于资本主义与新教之间的关系的经典研究有：M. 韦伯（M. Weber），《新教伦理》(Die protestantische Ethik)，慕尼黑/汉堡 1965 年版（中译本北京 1987 年版）。

在环境的世纪，美德会改变其意义：它们的本质总会保持不变，但在不同的条件之下，它们会得到一种新的强调。反正，其价值由它们诉诸何种目的决定的次等的美德就是如此；新的目的是"建立一个环境友好型社会"，而不是"不惜一切代价发展经济的社会"。从客观的角度上说，继续把其勤奋、纪律和智慧用于建立第二个超越世界历史的目的（不惜代价求发展）的人（即使他们放弃了个人私利）并不算是道德的——如果整个社会越来越对那个目的有所怀疑，而他们又不严肃地对待这些怀疑的话，那么他们主观的道德性也可能是有争议的。我们似乎也需要重新对经典的"四主德"① 做出一种细部区分。如今，智慧的目的不能仅限于与存在的绝对原则及其他人和谐一致，而且还必须包含与自然的和谐一致，作为否定能力的审慎必定来源于此。因为现代技术扩展了行动的范围，所以相应地在这里，智慧不仅要用于对人们自身行为的后果做理性判断，而且更为重要的是，还要对人们从属之制度的行动后果做理性判断。公正必须不仅施于人们自身所属的文化的成员，人们还必须把公正向前和向后扩展，让公正扩展到空间和更广阔的时间之中。从

---

① 四主德指的是：智慧、公正、勇敢和审慎。——译注

历史的角度看，在我们之前的东西——自然、古代文化——恰恰也是未来世代的对象。最后，在现时代，勇敢并不能最先在战争中被证明（即使还是需要有人把自己的生命用于对抗不公正和暴力），相反，勇敢通常体现在道德的勇气（Zivilcourage）之上，也就是，体现在人们拒绝那些变得可疑的价值之上，体现在人们摆脱消费的支配之上。

但是，在生态的时代，伦理学的真正的问题并不是建立新的规范。相对而言，人们会比较快地承认，我们必须使这个星球能够让未来世代居住；人们也会较快地承认，我们应该就何种适用于自然的价值特征（Weltcharakter）达成共识。但是人们很难把这些共识付诸实践，从动机的层面上说，这也就是康德伦理学的某些方面显得极为陈腐的真实原因。除此之外，我认为，从奠基理论的意义上，康德的严格主义（Rigorismus）是正确的，但是在动机心理学的意义上，它还很不够。在我看来，人们（从席勒到舍勒）普遍对康德的批评是正确的，因为除了要承认单纯的关于义务的形式框架之外，还必须要把情感偏好增加到质料的价值之上，由此人们才能现实地做道德的事情。但这并不是我唯一关注的事情。康德认为，我们行动的后果并不是伦理学理论的一个特殊的问题。什么事情被认作是道德的，那么它就是公理，而在形成公理的过程中，只评估直接的后果是一种道德的义务。因此康德仍旧可以相信，每个人的常识足以决定在特殊的情境中何种行动是道德的。但是很明显，今天已经不再是这样。现代科技已经把我们行动的后果扩展到特殊的世界历史的时间和空间之中，而（用雅克布·冯·约克斯库尔［J. von Uexküll］的话说）[1]这种现实世界的扩展并不意味着记忆世界也会随之做出相应的扩展。今天，我们可以做那些我们需用尽全力才能预见其后果的事情，而事实上，我们需要大量高度专业化的、大幅超出健全人类理智的具体科学。即使人们最终认识到这些后果，但是内在的道德直觉不再能够阻止人们不做那些在遥远的未来有负面后果的事情（虽然人们一致抽象地给予其负面的评价）。我想举武器技术的发展这个著名的例子。用石斧杀死同类的克罗马农人必须经受近身搏斗的考验，即使他必须对他的敌人有一种具体的仇恨（在后来的时代就不再需要如此），他也必须要亲眼看到敌人，敌人所流的血液最终会使持斧者意识到他的行动会带来的可怕后果。步枪的出现改变了这种情况：战壕中的士兵不再看到他的枪下之人，但士兵也许

----

[1] J.v. 约克斯库尔、G. 克里斯扎（G. Kriszat），《穿越动物和人的环境的巡游——意义学说》（*Streifzüge durch die Umwelten von Tieren und Menschen/Bedeutungslehre*），法兰克福 1970 年版。

仍旧可能听到受害者的痛苦的呼声。但是在大规模杀伤性武器的时代，连这种听觉上的交流都已经不再发生。在一个装备精良的房间里，一个将军按下能把一枚带有核弹头的洲际导弹丢往敌国的著名按键，却无须与他所杀的人之间产生任何具体的联系。在今天，我们的技术有了长远的效应——但是操纵技术的人却没有学会把传统的"邻人之爱"（Nächstenliebe）扩展到的一种"遥远的爱"（Fernstenliebe）。

与之相似，生态危机的主要原因之一首先是我们不知道我们在做什么，其次是即使知道了后果，我们也不具有使我们的行动有所改变的激励系统。如果人们想到，每天有多少的化学产品被合成，那么就算是怀抱着最好的意愿，也不可能满怀责任感地对所有的这些化学产品的副作用做评估，特别是在那些想要做评估的人通常只具有特定专业知识的时候。恰恰因为预测事情的本质是极为复杂的，所以息事宁人就始终是一个可能的选项。今天，在那些预测相反后果的科学家们的鉴定之下，人们已经能回答几乎所有的问题。有多少报告宣称核能是安全的，却说抽烟有害身体健康！面对生态危机的预测，当今大多数人会耸耸肩，甚至感到麻木，而毫无疑问，专家困境（Gutachterdilemma）正是导致这一窘境的原因之一。为什么我，这个小我应该改变自己的行为？如果科学家们都不能对此达成共识，那么普通人这么想就成为太过自然的反应。专家困境的另一个极为负面的后果是，我们对科学（因而对理性）的信仰被动摇了。因此，理性地处理这一困境是一个重要的任务。[1] 说到理性地处置，我并不是说，科学家们必须要对特定发展的后果达成共识——这样的共识通常在当今的知识状况下不可能达成。但是，正是因为有不同的知识、不同的假设，在信息评估过程中有不同的强调点，以至于人们对此有分歧，所以科学家更有责任清晰地说明他的前提，并且清晰地回头将之与他基于这些前提所作的预测联系起来。于是，分歧仍将继续，但是有教养的公众更会有机会理解，这些分歧为什么会发生。

很明显，科学家们之间的分歧可能缘于三个不同的原因。首先，利益总是会损害我们自己的判断能力（我所说的并不是包括故意的作假，虽然这种情况时常会有），唯有如此才能解释，为什么虽然温室效应早在19世纪末就被斯万特·阿伦尼乌斯（S. Arrhenius）预见，却如此长时间不被重视。利益因素也使得负

---

[1] 观点基于: D. 温施耐德（D. Wandschneider），《专家困境: 论具体真理的非伦理性》(„Das Gutachtendilemma-Über das Unethische partikularer Wahrheit"), 出自《科学和技术中的责任》(*Verantwortung in Wissenschaft und Technik*), M. 加策迈尔（M. Gatzemeier），曼海姆 / 维也纳 / 苏黎世1989年版，第114—129页。

面预期比正面预期更易于为人采信。人们一定可以从恐惧中求得商机，因而悲观主义就成了有利益可图的东西。但是严肃地考察过这个问题的人就不会否认，如果我们认为不会发生可怕的事件，我们的世界还会像之前那样继续下去，那么我们就可以求得更多的商机——我们当今的经济的繁荣正是依据于此。除此之外，我所说的利益绝不仅仅是指物质利益。相反，如果要承认我们迄今为止的生活方式在客观的意义上说是错误的，那么就需要我们承担起道德的重负；而众所周知，在各个时代的道德范式转换的过程中，人们总是竭尽全力在阻挠这种洞见。

其次，除了利益之外，人们自己所作的预测还受制于他们拥有的理论框架。不受利益左右的专家（Spezialist）看到的许多问题，与不受利益左右的通才（Generalist）看到的问题不同，二者能够提出的问题也是不同的。在这种问题上我们应该相信谁？在我看来，在其他条件相同的情况下，后者更为可信。因为当今的各种情景部分是由一种过于专家化的科学造成的，而要建立起一种有内容的共识，就必须让通才和专家以前所未有的方式互相合作，以此形成新的科学样态。[1] 无论如

---

① 参看 K. M. 迈耶 - 阿比奇（K. M. Meyer-Abich），《未来的科学：生态和社会责任中的整体论思维》（*Wissenschaft für die Zukunft. Holistisches Denken in ökologischer und gesellschaftlicher Verantwortung*），慕尼黑 1988 年版。

何，真正困难的是，如何认真地对待那些以往单纯被掩盖起来的，以及在此过程中不符合事实的问题。进而言之，我想要给予那些年轻人——当然，再一次是在其他条件相同的情况下——以特定的优先权，正如我们从科学史中所知，相较于年轻人，年纪更大的人更不具有适应范式转换的能力，因为旧范式对人的思维的束缚还来不及在年轻人那里变成一种内化的思维方式。

再次，即使，比如两个科学家都相信，根据现在所掌握的知识，有百分之四十的可能性会发生灾难，但是如果其中有一个科学家预测，有百分之六十的可能性发生除灾难之外的其他后果，那么他就会得出结论认为，我们不需要做任何事情。也正是因为这样，两个科学家最终会有分歧。在我看来，在这里，人们不得不同意另一个科学家的观点。那些对未来的世界做出百分之百准确的预测的人，从一开始就会为无所作为做合法性辩护，因为复杂的预测不可能有如此的准确性。危害越大，人们就越是不可能去寻求更好的、不得不给出的替代性方案。

当然，科学家之间的共识并不足够多，我们还必须要让所有导致他们预测之后果的人——因为其行动和疏忽——都知道，这些后果到底是什么。一方面，每个有理智能力的人都需要知道，他自己的行动以及他通常参与的、工业社会的共同行动会有何等的后果。他个人具有的力量越大，这种义务就变得越是紧迫；因为，反过来说，力量越大，就需要承担越大的责任，因此，这样的人就承担着更加严苛的义务，要分析他们的制度会有怎样的后果。理智和情感上不能够领会这种思想的人即使尽力不受具体的行动和疏忽的影响，也仍旧是不道德的。我在这里之所以用"疏忽"（Unterlassung）这个词，是因为在我看来，据德国的刑法，承担责任的人即使是因为疏忽而造成损害，这种疏忽也如同行动一样可以受到惩罚。因为对一个不想弄湿西服而让他的孩子溺死的父亲，依照法律应判死刑。但是，与之相似，在我看来，领导人如果不能让人知道依照他所管理的制度去行动会有怎样的后果，那么他也一定要被追究这些后果的直接责任。

另一方面，舆论界（包括大学和研究所、媒体、教会等）必须齐心合力收集和传播相关的信息。如果有可能做出补救，那么他们没有理由说，是制度使他们无所作为。具体而言，在我看来，教会——作为最为重要的调解各种价值的中间人（Wertvermittler）——在这一方面做得就很失败。众所周知，现代科学和技术不断地强调，它们在与宗教的斗争中具有怎样的权利；这也就是为什么直到今天，宗教并没有真正地发现在这两个领域之间的连接点。他们在面对这两个领域的时候，总是陷入孤立无援的境地，因为他们固执地抱着那些只在工业革命前才说得通的规范不放手（比如天主教会对避孕手段的立场），且拒绝对技术文明的重大伦理问题表态，即拒绝建立起全新的标准。迄今为止，人们还不能够建立起一种适应技术时代的、普遍接受的伦理学，而这是教会的错误。毫无疑问，我们可以预见，基督教如果准备发展出这种伦理学，那么它只会重新获得更大的合法性，且在世界历史中存续下来。教会的布道必须从根本上做出改变。在今天，那些宣称自己是遵循基督教伦理精神且以具有环境意识的方式行事的人，可能和那些坚持悠久传统的人没什么两样，但这却无助于解决人的生存问题。在这种情况之下，教会当然应该改变培养神学家的过程，在我看来，对于一个教授道德的教师（应该也是牧师）而言，对生态有一个根本的认识比具体研究祭祀和礼拜更加重要。

同样的指责也适用于哲学。只有和单个具体的学科达成合作，哲学才能够在环境的世纪中建立起一种有说服力的应用伦理学。在今天，即使人们熟练地掌握从柏拉图到舍勒的整个伦理学传统，但是如果他们不理解化学和生物学，那么就不再能够对我们时代的紧迫的伦理学问题说些什么。（因此，这次讲座的主题并不是要给出一个只有些泛泛之论的新的义务体系——这种具体的伦理学说只能与专门的科学家合作才能写得出来。）跨学科研究——因此需要人们真心让自己的成果能够为其他学科所用——在今天是一种特别重要的伦理学义务。

　　一切义务中最先的一个当然是努力去知道什么是义务；但是，它与义务理论又不是一回事——重要的是把所知的东西贯彻于行动。不过，在这一点上，当前的技术时代提出了前所未有的具体问题。在现实世界中，我们对被视为威胁的危险很熟悉，如果人们不得不依据伦理行事，那么明显与人们的想象相一致的人类的伦理感给出了一个人们可以居于其上的稳固基础。但是现代技术的关键在于，它极端地超出我们的想象力——君特·安德斯（Günther Anders）说得没错，我们能够做的远远超出想象。[①]谁能知道，埋在地下的钚会变成什么？——特别是当他算到，在两万四千年之后，这种剧毒的物质一半的成分将仍旧存在。正是因为这个，在动机心理学的层面上说，人类本身存在着致命的缺陷。当我们试着设想特定的事态到灾难发生这个时间段的时候，就可以看到这种缺陷是怎样的。众所周知，我们不能设想何为指数级的增长——虽然我们可以抽象地计算，但即使是训练有素的数学家也解不出"2 的 263 次方"这

[①]《过时的人》，前文已引。

样数量级的问题。我们都知道棋盘的例子，但并不是所有人都认识到，各个领域的——科学的、技术的和经济的——不受限制的现代性恰恰对指数级的增长顶礼膜拜。在这样的情况之下，我们会比我们设想的更快达到发展的极限，且就像我们熟悉的童谣所说的，如果等到每天成倍成长的睡莲遮住半个池塘的时候，我们才有所作为的话，那么就太晚了，因为留给我们的时间只剩下一天了。现代科学似乎倒转了中世纪的信仰和知识之间的关系。因为在那个时候，人们相信很多东西，但却不需要宣称对它们有所认识。相反，今天，拜科学所赐，我们知道了许多从情感的层面上来说绝不可信的东西。但正是信仰，而不是知识，决定着我们的行动。"我知道灾难就在眼前，但是我不相信它会发生。"这是许多人面对生态危机时具有的心态。

总体上悲观的海马尔·冯·迪特弗思（Hoimar von Ditfurth）的杰出著作《让我们种一棵苹果树吧！——是时候了》（„So laβt uns denn ein Apfelbäumchen pflanzen! Es ist soweit"）① 的结构可总结为（简化为）如下的提纲。在第一部分中，迪特弗思描述了当下的危险。在第二部分中，他展示了在他眼中合理的可能的脱困之道。但是

----

① 汉堡／苏黎世 1985 年版。

在第三部分中，他以猜想人类不会采用这一脱困之道作为结束，因为在技术的时代，人实际上是生活在一个不同的自然环境之中的，而人们会赋予在这个时候被选出来的先天的知识和道德机制以不切实际的期待，因此脱困之道一定不会起作用。我不像迪特弗思那样忧郁悲观。但是，如果我们的时代执着于启蒙运动的基本错误，坚持认为理性足以解决一切问题，那么我也不得不变得忧郁悲观起来。对问题的理性分析当然是必要的，但它绝不是贯彻理性行为的充分条件。

在《历史》（III 25）中，塔西佗讲了一个这样的故事。在"四帝之年"（公元 69 年）的内战的一场战役之中，一名士兵把敌军的另一名士兵击倒在地之后，才认出这个倒地将死的人正是他的父亲。可以理解的是，这名士兵一定极为绝望，而随着这个故事到处流传，这场战争居然暂停了一阵，因为交战双方都意识到这场战争是罪恶的，而战争的这种罪恶只有通过弑父这种形象的表现才能被人们认识到。"他们把这样的事情说成罪行，但他们还在干这样的事情。"塔西佗用无法超越的简洁笔调如此写道。①

---

① "继而在整个战线上都听到了惊叹、怜悯和诅咒这一最可怕的内战的呼声。可是他们依然丝毫没有减弱他们对亲属、亲族和兄弟的屠戮。他们把这样的事情说成罪行，但他们还在干这样的罪行。"（译文出自王以铸、崔妙因译，《塔西佗历史》，北京，商务印书馆，1985 年，第 186 页。——译注）

即使大多数士兵都相信他们所做的事情极不道德，两边的相互屠杀却仍旧在继续，如何解释这一点呢？很明显，制度的逻辑并不等同于单个人的逻辑的总和。一方面，这是由于制度具有惊人的持续能力，另一方面，相较有道德天赋的个人而言，制度并不能灵活地适应新的情境。如果单个人不相信其他人像他那样改变了观点，那么他就不敢改变他的行为。因此——至少在一个长久到十分危险的时间段中——每个人都会照旧行事，即使没有人认为他们的行为是道德的。除此之外，我们可以让个人承担起私人行动的道德责任，但是我们却不能照此让集体行动中的成员承担起集体行动的道德责任——至少这是大家共同的信念。因此当单个人参与他不需单独承担责任的行动的时候，他就更少具有良知。

现代工业社会破坏了环境，在这个过程中人们都陷入集体的不道德之中，而其间更多的因素以危险的方式互相联结起来，瓦解间接的责任感。当人们面对是否应该步行（或是乘公共交通）或开车来到一个附近的地方的时候，他们可能很抽象地知道，使用汽车会加重温室效应，但是随后的问题使得人们难以下决心放弃汽车。第一，他不能直观地看到他这种行动的直接后果。第二，他可能希望负面后果会很晚到来，离他很远，以至于这些后果不会影响到他。由此人们就消除了对自己行动的负面后果产生恐惧的利己心理——即不再害怕负面结果直接影响到自己。即使人们一定会害怕这些后果会影响到自己，但是这些（有时候是预期的）后果的发生会在时间上离他们有一段距离，所以也就不会使人有直接的动力来反对计划好的行动，比如抽烟这个例子。第三，人们会相信，单靠个人，无论如何也不能制止温室效应的发生。是的，即使一种制度在考虑改变其行为，它也可能说，在包含全人类在内的行动中，就算一个大的国家发生了改变，这本身也还不足够，因此也是没有用处的。第四，许多明明是人为造成的灾难，却强行给人留下一种印象，这是不可避免的自然灾害，因此无人需要承担责任。我想把当下的情况描述如下：在一篇葡萄牙语小说——艾萨·德·克罗兹的《满大人》(„O Mandarim",1880 年)中，[①] 只需要摇动铃铛就可以让一个在遥远的中国的富有的满大人死掉，从而获得他的遗产。这个小说的寓意在于，大多数人都会摇这个铃铛，因为这一行为的后果——留下遗产的人的死亡——并不像一般的凶杀那样，直接与行为有关系，虽然摇铃者仍旧是一个杀人凶手。有多少人即使被告知只摇一下铃铛并不足以杀人，而是要摇上百次铃铛才能有用之后，仍旧会摇这个铃铛

[①] J.M. 艾萨·德·克罗兹（J.M. Eça de Queiroz），《作品集》(Obras)，第三卷，波尔图 1946 年版，第 285—384 页。一种重要的译本出现于柏林（1954 年）。

呀。这种铃铛如今遍布世界各地——我们一直在摇着它们，不知道这些铃铛被摇了多少次，导致了远处的人们的死亡。假使我们能够算出，我们每个人在自己的人生中平均要摇一百次不同的铃铛，因此我们所有人都像自己感受到的那样导致了许多人死亡，那么，我们每个人都应为每一次杀人而负责。

举一个具体的例子：也许孟加拉国近年来的水灾的原因并不全是温室效应，但是很明显，温室效应很快会带来此类的后果。因此，毫无疑问，过度使用能源的人应当为地势平坦的贫穷国家中受淹的人们负起部分的负责——即使也许，形象地说，他只向那些受淹的人们倒了一桶水。但是，面对他自己的生活方式，他不会感到有那种能够触动他改过自新的有益的恐惧；从情感上说，他的金仓鼠的死去使他受到的触动都会比他看到他应当负责的成百上千的人的受淹更大。如果他可以理性地认识到，这是罪责深重的事情，那么他就会为与他无直接关联的这种灾难感到悲伤。人会有罪恶感，是因为如果没有罪恶感，那么人同样会感到饱受煎熬。他会陷入阴郁的冷漠，他会现实地感到，他实在摆脱不了集体所犯之罪恶，正如我们在许多年轻人，特别是西方国家中的具有道德和理智能力的年轻人那里看到的那样。这种阴郁感在伦理方面会有显著的副作用，即行为和疏忽之间的区别逐渐消失了。当然，我到底是杀一个人，还是不能对一个处于致命危险之人施以援手，这是两件不一样的事情；但是，因为技术使得现代世界的因果关系网络变得极为复杂，所以许多"第一世界"国家中的居民并不确实地知道，是否因为他们给予的救济不够，以至于"第三世界"国家中许多人的死亡也是他们的罪过；他们也不确定地知道，是否因为他们的购买行为，导致一个遥远的国家发生经济危机，或者是否因为他们的能源消耗，使得遥远的国家遭受自然灾害，以至于在那些自然灾害中许多人的死亡也主要是他们的罪过。事实上，我们掌握的信息通常不足以在这些问题上做出正确判断。

如果心理学能精确地描述上文所述的、阻碍人们采取迅速行动的心理机制，且用精巧的实验来说明它，那么这样的心理学将会有大功于人类，就像米尔格拉姆的努力那样，著名的米尔格拉姆实验就以他的名字命名。构成极权国家中的犯罪之基础的心灵机制是怎样的？米尔格拉姆实验为此提供了洞见。[1] 米尔格拉姆请了一群人来帮助他测试另一群人。如果坐在另一个房间的人在一个特定的单词测试中犯了错，那么米尔格拉姆请来的人就

---

[1] 参看圣米尔格拉姆（St. Milgram），《米尔格拉姆实验》（*Das Milgram-Experiment*），赖因贝克 1982 年版。

应该用越来越强的电击惩罚犯错者。施刑者不知道，他们自己是被实验者，而他们施暴中的受害者只不过是在模拟疼痛的喊叫声——米尔格拉姆想要知道，如果实验者需要承担一切责任，且一遍又一遍地向被实验者解释，他们的所作所为是合法的，那么在法治国家中的人们在折磨他们的同胞这个事情上到底能走多远。实验的结果极为让人气馁：超过一半的被实验者准备给予（假定的）受害者施加致命的电击。

如果我们能够从单个人的行为的角度出发来说明当今人类的处境，那么我们就能够知道当下危机的一些原因。当然，更为重要的是如何改变这些致命的行为。在这里，正如上文多次谈到的那样，在我看来让人们仅仅关注他们的行为的负面后果仍旧是很不够的——这是因为这些后果并不直接地与他们自己的行为相关。相反，人们必定感受到，不仅他们的行为的后果是毫无价值的，而且他们的行为的内在价值也是微不足道的。经验已经证明，即使理性地清楚说明开车对环境的伤害，也起不到什么作用。更为有效的办法不是诉诸后果，而是直接攻击赋予开车这件事以价值（即比如，开车能够漫无目的地想去哪儿就去哪儿的理念）的价值体系，并且嘲讽把自信建立在拥有更大、更快的汽车的这种心理结构。要是果真这样，人们就不能逃避了，人们预见的负面后果也可能就不会发生了。

当然，只有那些事先对自己做过严厉的检视的人才有资格去攻击其他人的自尊。如果你想要让世界更好，那么你就必须从自己开始。当批判资本主义的人同时是卢卡奇所谓的"深渊大饭店"（Grand Hotel Abyss）的住户，那么他们就不再可信了。没有谁比那些开车去游行示威而又在遥远的国家度假的绿党成员更为荒唐了。对人们崇拜的偶像做严厉检视，是对社会的偶像进行批判的第一前提。但是这种批判必须不是基于仇恨的——拒斥某个事物并不足够，必要的是认识与传递新的、积极的价值。那些只知道忍受世界之缺陷的人将没有力量去激发其他人来改变他们的行动。即使世界和人类并不完美，人们也必须从灵魂深处热爱世界和人类，以此来完成一种伦理的范式转换。从动机心理学的角度来看，如果你志向远大的话，那么教人感受自然之美会比向他们展示环境被破坏在道德上是多么丑陋更加重要。当然，那些思虑人类未来的人自己可能会陷入悲伤和苦恼的境地。但是如果人们不能够把他自己从愤怒（中世纪曾正确地把愤怒归于七宗罪之一）中解脱出来，那么他就干不成什么事情。因为单靠前因后果的科学分析并不能得出不可或缺的希望，只有一种对存在的整体的、形而上学的，甚至是宗教的根本的信任（Grundvertrauen），才能给予人他需要的力量。

　　那些代表新价值的人一定会被敌视，这在道德的范式转换中是很自然的事情。因为没有人愿意失去其自尊的基础，没有人愿意失去对他自身所坚持的道德的认信，人们也想要避免如此费力地频繁改变自己的行为方式。《新约》中的先知（还有苏格拉底）可能会唱一首歌来表达他们的工作是多么艰辛，他们中的一些人试图逃避他们的使命，而这绝非偶然。当然，我不相信他们的远见是因为突破世界的因果秩序之外的上帝真实地向他们显示了。但是我认为，如果仅仅把它们视作主观的事件而加以否定，这也同样是错误的。因为道德律绝非仅是主观的，而是具有理念的客观性。前现代的人只有通过接受上帝（或恶魔）之显示的方式，才能解释对客观力量的体验到底是什么样的。当先知遵从他们的使命的时候，他们对自己的严苛要求也会被用在他们的同胞那里。在《旧约》我最喜欢的一卷《约拿书》中记载，违背自身意志的先知约拿最终在遇到尼尼微的大鱼之后，开始了他的传道且获得了巨大的成功：城中的人改变了不道德的行为，他原先预言的灾难也不再降临，人们成功地使约拿的预言没有发生。就本质而言，一切消极的预言从理论上说并没有误解世界，却想要影响世界，如果它被反驳了，那么它就实现了它的目的。但是约拿没有搞清楚，预言的使命具有这种特殊的辩证法，从而因上帝没有摧毁尼尼微而与上帝争论。上帝怎么做呢？他在约拿的棚子旁种了一棵蓖麻，又在一会儿之后让它死去；而当约拿再次指责上帝如此做的时候，上帝告诉约拿：你既然会因为一棵小小的植物的枯死而感到难受，那么何以想要我摧毁有着这么多无辜的人畜的一整座城呢？《旧约》中最为仁慈和优雅的文本的大和解结局之所以动人，并不仅仅因为这是整部《旧约》中少数的一段文本（如果不是唯一一段的话），在其中上帝表达了对动物的直接兴趣，从而克服了他的人类学中心主义，而且还因为上帝对预言家的严苛做出了一种温和而又智慧的批评——这是上帝经典的随机应变的智慧。在今后的几十年中，我们的许多伦理观念都会被革新，因此我们需要更多的预言家，他们可能最终会记起约拿，只做正确的事，对他们警告的事情给予祝福。

第四章　经济学与生态学

你们会发现，关于生态危机的实践方面的三次演讲与古代和中世纪对实践哲学所做经典的三重区分有关：即区分独立的伦理学、经济学和政治学。但是，一个重要的区分是不会错的：18 世纪之前，经济学是家政学，而在 18 世纪之后，经济学是有关经济的学说。经济活动在现代才成为我们科学研究的对象，这一点绝非偶然，因为在资本主义那里，经济活动复杂到从根本上超越了传统的资产管理的观念，只有在资本主义那里，经济学成了一个逻辑不再能够归于 "Oikos"（古希腊语，家庭）的体系——它即使不去摧毁 "Oikos"，也要激进地对它加以改造。①

---

① 观点基于：M. 韦伯（M. Weber），《经济与社会：理解社会学大纲》（*Wirtschaft und Gesellschaft. Grundriß der verstehenden Soziologie*），图宾根 1980 年版，中译本北京 2004 年版。

工业革命以来欧洲历史的最深层次的特征之一，恰恰就在于经济学从对其他社会体系的规范联结（比如家庭和国家）中摆脱出来了，经济理性自身的逻辑也抽离出来了。而正如我们所见的那样，这也是生态危机的原因之一。但是这绝非资本主义经济最为首要的负面后果。19世纪最为紧迫的问题是现代经济和技术对传统社会秩序之毁灭引起的社会问题，针对这些问题，人们提出了各种解决问题的方法，并且最终付诸实践，而这也正是20世纪政治分裂的最深层次原因。很明显，政治对立的背后是意识形态的分歧，当然，人们并不容易认识到，意识形态分歧可以最终被归于一个道德问题。这就是，为了达到一种道德上可以接受的社会秩序，人们该如何对待"自私"这一资本主义经济的引擎。

　　对这一问题的解答似乎基于两个前提。就像任何一个道德问题一样，这个问题也可以被分为规范性的部分和经验性的部分。一方面，它要追问的是，到底什么东西自在地具有价值——在这里具体而言，它要追问的是，道德的社会应该是什么样的。而在另一方面，它要追问的是，我们采取何种行动才能立刻实现这种道德社会。很明显，人们不能通过经验来回答第一个问题，第二个问题则必须通过经验来回答，而分析道德争议中不同的观点基于的不同前提，是极为重要的。比如，有些人拒绝在道德上做出任何让步，是因为他们是和平主义者，所以从规范性的层面上他们会否认自我防卫权（因为这可能会引发灭绝人类的危险）。另一方面，根据他们从经验角度获得的信息，他们会相信，一种战略平衡已经存在。

在我看来，西方和东方两个体系之间会对立，首先并非因为它们的目标有区别。当然，相较于东方的社会理想而言，在西方的社会理想中，自由占据了一个更高的地位。但是至少在理论中，两个社会形式都共享同一个普遍的启蒙理想——尽可能达成自决和富裕。但是，在走哪一条道路才能更好地实现这些理想这一问题上，东方和西方有不同的看法。西方的民主国家相信，它们可以通过有节制地发展资本主义经济来实现这些理想，而共产党执政的国家则通过抑制资本主义经济来实现这些理想。资本主义必然会导致社会的不公平，甚至会在国内导致经济危机，在国外导致帝国主义战争，最终社会主义自然必定会以胜利者的面目出现在人们的面前，因此这种对资本主义经济的抑制——它本身总是比自由放任更加需要法制，它常常对那些反对的人使用暴力——就会显得很合理。[1] 除此之外，我们似乎可以通过一种简单的证明来表现社会主义道路的优越性：人们

---

[1] 参看列宁，《帝国主义：资本主义的最高阶段》（*Imperializm, kak vysšaja stadija kapitalizma*），莫斯科1917年版，中译本北京2001年版。

很难看出，对自利的普遍追求会与道德相容。如果人们不承认马克思主义的学说在道德上更加具有说服力，如果人们不承认资本主义经济的代表因为它们在道德上极为虚伪（因为它们试图用一种没有人会相信的方式来表达对利益和传统基督教道德观念的追求）且可恶的，那么人们就不可能理解为什么近来那些高级知识分子和有崇高道德的人会接受马克思主义的建议。相较于马克思具体的经济学分析，他对资产阶级道德意识的自相矛盾之处的控诉更加能够说服他的读者相信，他的预测是准确的。

就算我不需要告诉你们，你们也知道，这样的预测在很多地方已经被历史证明是有偏差的。在第一次世界大战之后，大多数"第一世界"的国家通过社会市场经济成功地实现了罕见的社会稳定，也使得大多数人变得富有，而这种情况从未因世界的经济动荡而受到彻底的干扰——但是在一次巨大的社会和政治危机到来时，一些社会主义国家在 1989 年遇到了前所未有的经济危机。尽管阿马里克（Amalrik）预测苏联不能活过 1984 年，可苏联还是活过了 1984 年。但是很明显，2000 年的苏联会与今天的苏联很不一样，即使预测总是极不准确的，要么过于乐观，要么过于悲观。除此之外，不可否认的是，这些国家的道德意识引发的矛盾也绝不会比资产阶级的道德意识更少。对经济上的自利的压制并不完全等同于由此公共利益就得到了促进——一方面，它在某种意义上是苛求的，另一方面，从道德的角度来说，西方资本主义的现象固然更为可恶，但是对经济上的自利的压制也许会导致更为腐败的灰色经济。（所以，当汉斯·约纳斯在《责任原理》中比较两种经济，认为社会主义体系可以把苦行的理想引向大众时，我会认为他过于乐观了。）我并不是要对这些现象做具体的分析，因为你们其实对此比我更了解；但是作为一个伦理学家，我想得出一个在我看来最为重要的结论：任何抽象地否定经济上的自利的尝试都是没有意义的，甚至是不道德的。

我想要证明这个在以下关于环境友好的经济学思考中扮演重要角色的命题。首先，对个人主义的根除是不道德的，但是人们不应该尝试去做不道德的事情，因为这会让人没法实现真正重要的事情，并且人们应该节约地运用他们的能源，因为它们是有限的。虽然，堂吉诃德这个人物除了荒唐之外，一定具有某些崇高的东西，因为他使我们始终记得，理想总是超越于现实之上，而并不因为它是范导性的理念而失去其有效性。但如果说堂吉诃德具有现实的力量，这种崇高的东西很快会消逝，他要么必定立马失败，且产生一个危险的力量真空；要么，理想与现实之间的距离有多大，他就要多大程度上运用强力，使得他的崇高理想得到实现。为了支撑我的论点，我要提出第二个证明，那些想要根除利己主义的人会犯比那些自私的人更严重的罪。也许人们说得没错，一个富农的有限视野不能把他自身的具体利益置于共同富裕之下，但是这并不能够改变一个事实，即斯大林杀害富农这一行为比富农的任何自私行动更具有恶的成分。但是要消除利己主义不仅是不可能的（只有通过残忍的暴力才有可能），更是不道德的。在某些条件下，即使不使用强力进行消除，这种消除本身也是错误的。这正是曼德维尔和斯密倡导资本主义时所用的经典证明[1]，而在我看来，这里存在着一个社会主义从未正确对待的真理核心，如果仅仅因为利己主义不能够在一个更高的层面上保护使之充满活力的能源，就要根除利己主义，那么就会使人性变得麻木和冷漠，而这会比之前的状态[2]更为可怕。如果没有利己的经济活动提供极高的效率，那么我们很难完成拯救环境这一伟大的任务。

但是，我说这些的意思绝不是说，现今的资本主义可以为所欲为。相反，在我看来，即使是在计划经济崩

---

[1] 参看 A.O. 赫希曼（A. O. Hirschman），《欲望与利益：资本主义胜利之前的政治争论》（*The Passions and the Interests. Political Arguments for Capitalism before its Triumph*），普林斯顿 1977 年版。

[2] 即利己主义。——译注

溃后的今天，对资本主义的理性批判还是绝对必要的，只可惜大多数资本主义的反对者并不能做出这样的批判。所以，如果一种对现今的资本主义的批判谈到"第一世界"国家的工人阶级很贫困，那么这将会显得古怪——是的，对"第三世界"国家中死于饥饿的成千上万的人来说，这将会是一种残忍的侮辱。对"第一世界"国家的经济批判更可能基于以下的要点。首先，很明显，资本主义——即根据商品的交换价值而不是它们的使用价值来考虑它们——会导致人格（Persönlichkeit）发生一种独特的变形：因为人们以金钱的眼光（sub specie aeris）来看世界、看人，把极多的存在于审美和伦理方面的细微差别简化为单纯的价格上的量的差异。确实，那些耽于幻想、认为一切东西（包括本质的东西）都可以买卖的人（在资本主义经济体中，只有领袖才不会有这样的毛病，因为他们对经济世界有更加深入的洞察，所以他们相比于小消费者而言对这种毛病更有免疫力），他们的人格遭受了最为严重的残害——这还情有可原。但是不幸的是，人们所受的损害不止于此：不计一切代价获利的强力意志对社会造成极大的损害。因此，在资本主义国家内部，失业问题一定不能得到解决，即使我们不能在传统的阶级斗争这一批判资本主义的意义上来寻找其原因。第一，部分是因为劳动力价格过高（特别是考虑到不计入工资的劳动力成本的时候），这也迫使劳动力价格必须趋于理性化[1]。第二，如果我们相信，工会政治会非常热心地以对有工作的人稍微不利的方式提升失业者的生活状态，那就太幼稚了。第三，让我们来到主要的问题，这也是我们演讲的主题——毫无疑问，在"国家－社会主义"的框架中（在克莱因[2]的意义上），当下的世界经济（我在第一次演讲中报告过了）将会通过掠夺自然和"第三世界"的方式在国内达到社会的和解，而这会使生态危机更加恶化。如果我们不重视这种恶化，那么它就会导致可以与马克思预言的社会动乱相提并论的灾难。在这一意义上，甚至在1989年之后，我们事实上可以考虑对马克思的资本主义批判做一种新的验证，当然是以一种完全不同于马克思所想的方式来进行验证。

事实上，很明显，现代经济的特殊的私人经济形式促进了生态危机的发生——你不需要在你的国家四处旅行就可以认识到，这里的环境情况比西方更加恶劣。生产方式的所有制关系并没有决定人必须要对自然进行掠夺，而是决定了那些不得不做出相关决定的人的精神状

---

① 参看 H. 莱斯特纳（H. Laistner）写的饱含激情的著作：《地球的耐心即将耗尽》（*Die Geduld der Erde geht zu Ende*），法兰克福 1989 年版。

② 即汉斯-迪特·克莱因（Hans-Dieter Klein）。——译注

态，众所周知，你们的国家，至少自斯大林时代以来，已经沉湎于工业主义的理想，且明确地追求赶超甚至超越西方的工业生产能力。安德烈·高兹（Andre Gorz）归纳得没错，当今资本主义和社会主义的经济都在工业主义的概念之下。[①] 是的，你们的经济体系因为缺乏效率而导致环境污染——资本主义的企业都不敢轻易进行的资源浪费，却在你们的国家不受任何经济上的限制。

但是如果资本主义和社会主义的经济都不能阻绝环境的破坏，满足道德的需求，那么要达到这个目标，我们需要采取哪一种经济形式呢？在我看来，一种生态的和社会的市场经济的理念（der Idee einer ökologisch-sozialen Marktwirtschaft）才是唯一可行的选择。何以这么说？为了澄清这一理念，我会简单地提两句社会市场经济。正如马克思在《资本论》中雄辩且精确地描绘的那样，工业革命使得欧洲国家中的大量人口陷入赤贫和被剥削的境地，而就长远来看，我们并不能仅仅因为自由主义虚构出来的一些掩饰之辞（比如儿童之所以会一天工作十四小时，是因为他们自由地签订了合同）就认为这是合理的。直至19世纪，欧洲才制定了保护工人、限制剥削的法律，自由主义的法治国家发展成为保障性

① 安德烈·高兹，《通向天堂之路》（*Wege ins Paradies*），柏林1985年版。

的福利国家，因而以往人们毫无争议地认为是构成资本主义初始阶段的标志的社会矛盾也就趋于缓和了。国家保留了经济的独立性，但是却尽可能地创造了总体条件（Rahmenbedingungen），希冀对自身利益的合法追求不会导致负面的社会发展趋势，在自然的动力有可能产生社会层面的不必要的后果的地方，国家总是正确地进行干预，它承担起发展给工业社会提供基础设施的核心经济部门的责任。布尔什维克的革命会取得胜利，主要原因之一是沙皇俄国不能或者说不能及时地建立起一个健全的社会结构。

在我看来，事实上，对这一困境的正式的解决方案就在于，国家应该在何种程度上给予经济以自主权。一方面，正如我所说，如果它不从自身那里夺走它的一个最为重要的力量来源，那么它就不能压制利己的经济本能。无法想象，我们还可以回到那个经济尚不构成其自身之自主领域的时候。另一方面，我们无法保证，大家都追求利己的利益最终可以有助于公共福利——看不见的手的理论基本上就是无稽之谈。事实上，不难发现，正是因为现代技术使人们把行动半径扩展了，所以理性的利己主义绝不自动地产生公共福利——只要洪水滔天发生在人死之后，那么理性的利己主义的、贪婪的行为同时也会导致人类的毁灭。（我在这里要说的是，其实还有一种非理性的利己主义，这种非理性主义低估了灾难可能发生的急迫性，而有些人因为如此深切地期望死亡，以至于自我毁灭对于他们来说是可以接受的。）

因此，关键就在于总体条件，——对自身利益的追求到底是导致总体性的灾难还是有助于公共福利——而国家的经济政治行动有义务塑造总体条件，以至于使第二种可能性得以实现。一个不在后一种意义上设定总体条件的国家是有罪的——因为在一个以竞争为导向的经济体中，单个公司只有在例外情况之下才有可能为不产生经济利益的公共福利做点好事。即使对于普通的个人，长远上也难以接受那些最终对其自身不利的事情，即使做这些事情对环境来说是友好的。（是的，即使那些一直在做道德的事儿的少数人也会发展出一种令人不适的道德优越感——有时傲慢，有时自负——而这使得他们不能时常做出伦理的，即主体间性的道德行为。）很明显，对这个问题的回答首先取决于公共福利的定义，其次取决于一个社会的历史定位。如果未来时代的福利包含在公共福利的定义之中，那么毫无疑问，对自然的不可逆的毁灭绝不会被允许。即使在现在，这些也会使得那些像"完全就业"这样的值得期待的社会目标难以达成。相较于当下世代的经济和社会福利，未来世代的生命是一种更高的善，因为一切的善之中最为根本的是生命，如果没有生命，那么就不会有其他的善。至于一个社会的历史定位，那么毫无疑问，在像"二战"结束后的经济重建时代中，使经济能够健康增长的总体条件是有意义的——但是这种总体条件在其他的历史条件下（即当增长被理解为不考虑质量的、单纯数量的增长时）失去了意义。事实上，很明显，现代性的根本恶习——不考虑质量且把质量以不成比例的方式转换为数量上可比较的东西——就存在于一个政治经济学的公理之中。这一公理认为，国民生产总值的增长是最为重要的价值，在此方面取得的成就最终决定了一个政府的合法性。但是，当然不难理解的是，如若景气（Wohlstand）这个词具有某种可控的意义，即它与主观的舒适（Wohlbefinden，一种质而不是量）相关的话，那么数量上的增长并不必然意味着更好的景气。在这里我并不是要说，过量的金钱一定不能让人感到更加快乐，但是众所周知，国民生产总值也包含必须要支付的、用来去除罪恶之事的防御性费用。虽然我承认，人们很难界定防御性费用的概念，但是这并不会改变这种洞见具有的正确性和重要性。比如，交通事故能够创造很高的国民生产总值，因为在此过程中产生了维修的费用、医生的费用、律师的费用等，但是没有人会说，其间的景气程度提升了。同样，毫无疑问，环境的降级会提升国民生产总值，因为它每年会让人花数十亿元在维护费用上面。[①]

　　再者：要制止人们破坏环境，需要有怎样的总体条件呢？与构成资本主义的基础的自治理想（Autonomieideal）相适应，人们明显只能持续地运用"谁污染谁付款"原则：想要破坏或污染环境的人应该为之付出代价。但是，在这里，我们跨越了大多数经济学（包括应用马克思主义的国民经济学）的一条理论边界。在包括马克思在内的古典经济学家看来，价值凝结着人类劳动，因此，未被加工的自然被看作一文不值。所以不难发现，依照这种人类中心主义的想法，笛卡尔把自然变为广延物的转化在经济学中所对应的是什么：正如在康德和费希特那里自然不是道德价值的承担者一样，对于斯密、李嘉图和马克思来说，它也并不具有国民经济学意义上的价值。比如，只要在你们的国家，这种根深蒂固的信念使得能源价格过于低廉，那么它就是造成生态危机的主要原因之一。当然，马克思也看到了，资本主义的后果是自然的破坏，并且他也对此做了批判。我希望你们想到《资本论》第一卷第13章"机器和大工业"的结尾那段话，因为它是对现代技术的本性做出的最为重要的哲学

─────────

① 参看 Ch. 莱佩特（Ch. Leipert），《为进步而付出的隐性成本：环境破坏如何促进了经济增长》（*Die heimlichen Kosten des Fortschritts. Wie Umweltzerstörung das Wirtschaftswachstum fördert*），法兰克福 1989 年版。

分析之一。这一章以对现代工农业问题的预言作结:"此外,资本主义农业的任何进步,都不仅是掠夺劳动者的技巧的进步,而且是掠夺土地的技巧的进步,在一定时期内提高土地肥力的任何进步,同时也是破坏土地肥力持久源泉的进步……因此,资本主义生产发展了社会生产过程的技术和结合,只是由于它同时破坏了一切财富的源泉——土地和工人。"(MEW 23, 529f.)[①]

但是,即使这段话极富远见,也改变不了一个事实,即这里有我提到过的三个后果严重的错误,而我想要在这里再总结一次。首先,对自然的破坏绝非资本主义的特权——此乃工业主义本身所独有。其次,马克思的追随者都没有提出一个可以减缓对自然的破坏的价值理论。(人们更有可能在主观的价值理论中找到些什么。如果人们对经济学的伦理基础感兴趣的话,那么自然就会知道,在最近的新古典主义中,人们已经不再把价值概念这一经济学的规范性基础加以否弃。现代经济哲学的主要任务之一就在于给出一种不同于马克思价值学说的价值理论。)再次,资本主义的发展说明了,即使不消灭私有制的生产方式,也可以改变工人阶级的命运。因此,人们固然可以希望,在保护人类生活的生态基础方面,

---

① 《马克思恩格斯全集》第 23 卷,中译本北京 2006 年版,第 552—553 页。

我们也可以做成同样的事情，但是这只有在总体条件被改变的情况下——即让破坏环境不再是一件从经济的角度值得去做的事情——才有可能。

利己的经济活动遵守的法则是：尽可能把成本外在化，即转嫁给别人。[①]这里的"别人"可能是国家，也可能是本国的工人、本国的企业、本国的消费者，以及未来的世代——总归一般会是那些最不会反抗的人。只有一种对争议的简单诉求才可以减缓这种外在化活动。环境破坏造成的后果不应该被转嫁到国家或未来世代身上，而是应该由造成污染的人承担。产品的价格一定要说真话，生产产品过程中破坏的自然的生活基础要得到恢复，而这个过程中产生的必要成本必须包含在产品的价格之中。（这与马克思的观点类似，因为他认为劳动的价值存在于维持继续劳动必需的生活资料之中。）迄今为止，保护环境的手段更多地具有警察管制的特征，谁排放的数量超出极限值，那么谁就会受到惩罚。先别说许多国家还远远没有真正贯彻落实保护环境的政策，这种警察管制的办法本身就存在着一个基本问题，即人们没有动力去使环境污染物的排放量保持在一定的极限值之下。是

[①] 参看 A. 马绍尔（A. Marshall），《经济学原理》（*Principles of Economics*），伦敦 1891 年版；A. 庇古（A. Pigou），《福利经济学》（*The Economics of Welfare*），伦敦 1920 年版。

的，如果极限值是根据现存的环境技术而得出的，那么人们就没有理由去发展更为先进的技术了。另一方面，环境税可以让人有动力去尽可能节约地使用自然资源。举例来说，如果人们一开始就对地表硬化、废物生产和污染物排放征税（特别是如果社会的价值体系从整体上顺利地得到了改变），那么人们在破坏环境之前就真的会审视再三，因为你不能接受更进一步的环境破坏，那么在一定意义上你就必须不做这些事情。如果最为珍贵且最受威胁的自然资源——水——变得越来越昂贵，那么人们就会把工业用水和饮用水分离开来。很明显，哲学的任务不是具体地给出这种税收的体系——它必须只在于分析基本的理念。毕竟，有必要指出的是，非常具体的建议都被指出来了。①

在环境保护方面，从警察管制到市场手段的转变让人想起在医疗领域长久以来要实现的一种转变：即让人想起从治疗到预防的过渡。这种转变可以省下数以十亿

---

① H. 伯纳斯（H. Bonus），《环境保护中的市场经济概念》（*Marktwirtschaftliche Konzepte im Umweltschutz*），斯图加特 1984 年版；K.W. 卡普（K. W. Kapp），《为了一种生态社会的经济学》（*Für eine ökosoziale Ökonomie*），法兰克福 1987 年版；H.C. 宾斯旺格（H. C. Binswanger）等，《不破坏环境的劳动》（*Arbeit ohne Umweltzerstörung*），法兰克福 1988 年版；魏伯乐，《地球政治学》，前文已引用。与之相对应的是关于资本主义与社会主义之间的第三条道路为何仍旧很模糊的研究（比如，O.K. 弗勒希特海姆 [O. K. Flechtheim]，《未来还可以挽救吗？》[*Ist die Zukunft noch zu retten?*]，汉堡 1987 年版）。

计的医疗费用，它也可以让许多疾病不再出现，而这真可谓善莫大焉。同样，面对林林总总的问题，如若我们相信，只要在事前或事后搞点修修补补就可以解决环境保护的问题，那就实在是太幼稚了，而以往的环境保护也就变得只是这种修修补补。我并不是要否认，以往被动的环保政策已经做得很好，并且人们应该对之心怀感激，但是如若不大刀阔斧地处理根本的问题，那么就无法解决未来几十年，甚至几年内必须处理的危急存亡的问题。否则，我们只会成为屠杀下一世代的凶手，我们只会失去所有的自尊。只有当汽车生产商和司机深受由汽车所造成的环境破坏之苦的时候，大多数人才会使用公共交通工具，才会使公共交通变得更加廉价。事实上，对石油征税就是一种让有车族出钱来增加消费者负担的经济手段，征收石油税的所得不能用于修建新的高速公路，而只能用于植树造林等方面，以此来减少温室效应等。

税收改革似乎是最有可能阻止人们破坏环境的手段。但是，我们需要考虑两个原则。首先，当然，为了不影响生产，设立新的税收项目必须以在其他领域的减税为前提。就算不考虑我所说的生态问题，民主德国的所得税可能也太高了，这也就是雇用新员工不能给用人单位带来效益的原因之一，也是失业问题的原因之一。人们怀疑，当今的税收体系很容易导致大规模失业以及环境破坏的问题（现代福利国家的两大弊端），而这种怀疑并不是没有道理的。因此，对税收体系做出生态导向的调整，是可见的未来中最为重要的任务之一。当然，如果我们要避免出现不能适应的困难（甚至灾难），那么转型——由此我们进入第二点——就一定不能太冒进。但是人们应该立马动手推进那些能够做的事情。

如果那些已经不再盈利且不会盈利的经济部门，因为造成了环境破坏而被追责，那么就要立即停发那些维持其存在的国家补贴。许多经济体的领导人在周日的讲话中为自由市场经济大声辩护，却在工作日定期收取补贴——其中无论如何都存在着怪诞的意味。如果人们承认，出于政治的目的，我们完全有理由补贴那些值得保护的公司，那么毫无疑问，现在人们对补贴的接受度实在是太高了：市场机制绝不总是能够足够快速且灵活地做出回应，特别是当国民经济的总体条件有问题的时候。但是，如果国家的经济政策能够设定无须干预的总体条件，那么总是更好。而国家越来越频繁且慌乱地干预具体的经济活动的时候，往往正是总体条件出问题的时候。我们今天面临的问题就在于此，市场经济已经病态到当下的国家经济政策拒绝对造成生态危机后果的总体条件做出改变，却不断地以修修补补的方式进行干预

（比如刺激那些如果人们不告诉他一定要有这种需求，他就不会想起来要有的、荒唐的需求），以达到保持现状的目的。（最为经典的例子莫过于民主德国的电力税收政策。）

当然，如果这种政策能够保住工作机会，那么它就有了合法性。但是，正如之前所说的那样，这并不意味着，一切事情都可以因此而变得合法——即使现存的人比未来世代的人有更强的游说能力。但是毫无疑问，后者的生存权利是一种比工作权利更加根本的权利。再者，从市场经济的拥护者嘴里听到的这套拿工作机会说事的论证实在是很奇怪的。在健康的总体条件中，国家的使命之一应当是重新培训劳动力，以此促进新的工作机会的出现；国家也应当培养一个动态的企业家阶层，使他们在生态友好的经济部门中能创造新的工作机会。事实上，在我看来，很明显，如果没有这样一个阶级——他们曾被称为"绿色资本家"[①]——那么我们的问题就得不到解决。我会在之后对这一点再做进一步的阐述。

对于这里提出的国民经济总体条件下的税法变更，人们会提出两个反对意见。首先，据说它一定会导致社

[①] J. 艾林顿（J. Elkington）和 T. 伯克（T. Burke），《绿色资本家：如何赚钱和保护环境》（*The Green Capitalists. How to make Money and Protect the Environment*），伦敦 1989 年版。

会不公——只有富人才有钱去进行那些可能污染环境的活动。与之相对，首先，有人认为让人们少开车事实上是一切工作的目的，开车应该变得更贵——因为如今人类能不能进步，并不与"如何才能让地球上的所有居民都获得一辆汽车？"这个问题有关，而是与"开车会污染环境，那么我们如何能够尽可能少开车？"这个问题有关。也许令人遗憾的是，这种税收改革对富人的限制要小得多，但是没有理由仅仅因为可能引发的嫉妒感，就否定明显比通过警察手段进行的环境保护更加有效的改革。其次，我们仍旧有可能在福利国家的意义上——比如通过给社会上的弱势群体提供金融支持的方式——来平衡新出现的不公正。福利国家绝非不能同时是生态国家，相反，就其最内在的倾向而言，福利国家都想要保护弱势群体，而如果它允许这一世代的人以最需要保护的人——即未来的世代——为代价，放纵最为荒唐的需求，那么它就失去了自身的合法性。包括接受社会救助的人都应该知道，特定需求的满足为什么污染了环境且因此是昂贵的。再次，在上一次演讲中我解释了，为什么苦行禁欲的理想不可避免要复兴。如果这种理想复兴了，人们就不会互相嫉妒，富人也就没必要用开车来代替坐火车，他这么做只是为了提升他的自我价值感，但是他们一定不会被嫉妒，而是应该要被怜悯。

在我看来，反对生态税的第二个理由更加值得严肃对待。他们指出，这样的改革不能由任何一个单一的国家实施。因为这种改革的关键就在于让那些从道德的角度上看有必要进行的生态活动，也能够因为生态而有利可图，以避免在其他条件不变的情况下（ceteris paribus）出现在现今的体系中必定会遇到的竞争劣势。通过在一个国家之中的这种改革，这些劣势被消除，但是也只有在这个过程中，这些劣势在国际竞争环境中被放大。此时，在世界市场中，这个国家的所有行动都要吃亏。必须承认，这个理由很有影响力，它一再地证明了一个事实，我们虽然具有全球性的经济，但是没有一个全球性的国家，而这在生态危机的时代是尤其危险的。面对这一情境，保护主义给出了错误的结论；但是，如果相信——国际的而非国内的——环境问题可以通过停止贸易的方式解决，那么就太荒唐了（即使偶尔给出此类威胁是合理的，特别是在生态关税的概念得到认真对待的时候）。相反，人们必须不断达成政府间的协议，以此为主要贸易伙伴的经济确立类似的生态总体条件——1970年代以来的欧共体在这方面做得非常成功。但是仍旧还有很多事情需要做。现在越来越多的国家说，如果没有邻近国家与之竞争，它们就会引入生态税，而邻近国家也会用同样的理由来为它们的犹豫不决开脱，而这恰恰是不可接受的。具体而言，人们会期待更为富有的国家能够带头接受暂时的劣势。在我看来，尤其重要的事情莫过于，如何使那些现在开始允许发展市场经济的国家自始就是生态友好的。首先，如果能够一开始就匡正这些疏失，而不应过后才与其间形成的有权力的利益集团做斗争；其次，在我看来，虽然去年（1988）秋天以来人们越来越觉得之前的计划经济不具有合法性，但是如果我们能够说，计划经济是一个错误，而西方的资本主义也不是完美无缺的，那么这种合法性的缺乏就不再是如此严重了。我们正在努力建立一种不仅是社会的而且是生态友好的市场经济，因此就理念而言，它就比西方的经济更加优越。

你们会发现，我深信经济与生态在原则上能够彼此共容。所以对我来说，过去二十年人们把经济和环境二者对立起来这种做法是极端错误的。首先，即使有人认为只有彻底摧毁当今的经济体系，只有回到前资本主义状态才能拯救环境，但是其中不会有足够多的人真的去进行根本性的转向。人们总是会怀疑，这些人宣称的"回到自然"其实是要"回到树林"，人们很容易嘲笑他们的浪漫主义是一种退步的幼稚行为。其次，事实上他们也是错误的，如果没有现代资本主义独有的、巨大的效率潜力，那么我们时代的问题——比如食物和环境问题——就不能被解决。18世纪以来，对现代人无可置疑的自我毁灭的倾向（只要我们揭开那种不可控的自我膨胀的技术和经济理性的面纱，我们就可以认识到这种倾向）的批判可以分为两派，一派的标志人物是卢梭，另一派的标志人物是黑格尔。总的来说，第一派之所以拒斥现代发展，是因为它使人自自然中异化了，当然，他们没有意识到，批判人们自己的社会，使自己与发展的倾向疏离的过程本身正是现代的产物。对自然的渴求本身很不自然，它是现代主观主义的精神预设的，因为自然本身正是那不渴求自身的东西。与之相对，另一派试图扬弃现代的权利——现代科学像资本主义一样必然从属于它。他们的批判并不指向现代本身，而是指向它从自然和历史的奠基中解放出来的妄想，他们试图把它嵌入一个复杂的结构之中，且与古代精神相协调。这种潮流的危险当然是，许多维护现状的人会出于策略的原因把它吸纳进来，因而装作是温和的批评者，然而他们其实对必要的改革毫无兴趣。

但是现在还没有足以取代第二派现代性批判者的理性替代者。关于经济学与生态学之间的关系——在其中，人们以我们时代的形态来重造精神与自然、古代与现代之间的对立——不难理解的是，没有新的环境技术，我们就不能拯救环境。但是，至少在一开始的时候，这样的技术非常昂贵，要发展和获得这些技术需要资本。在我看来，如果人们的反思能意识到，经济行为就是要用最小的力气获得尽可能丰厚的成果，那么原则上经济和生态之间可和解性就变得尤其清晰了，效率和节俭是传统的、经济的美德。但是与此同时，它们也是生态的美德，节省使用且重复利用资源，为了保温而尽量缩小、隔离房间，都是对经济和环境有利的措施。因此，尤其重要的是在世界范围内尽可能广泛地像它们被资本主义发展出来时那样引入经济效率的确定标准。就算怀着世界上最大的善意，我们也无法理解，为什么保持懒散的工作作风、浪费自然资源——正如在许多计划经济中可以见到的那样——会对环境有好处。再次，随着越来越多的人具有环保意识，消费者们也会选用那些环保产品（特别是当环保税被引入，它们变得更加便宜时），因此商家就有可能做生态友好的产品的生意了。具有环保意识的人不应该害怕这种发展，如果一个有活力的企业家能够依照减轻对环境的负担的方式提升销售额，那么就会对环境有好处。如果行为不出于外在的动机，而是为了一个崇高的目标而努力，那么它无疑更为道德。但是如果人们运用经济利益的动力来获得道德上更值得追求的成果，那么有谁要反对运用这种动力，就反倒会显得极不道德。

事实上，我相信，在环保人士和企业家之间的激烈争论持续一段时间之后，许多企业家会逐渐认识到，有必要对经济活动进行一番环保的转型。在这个进程中，不同的因素都会扮演自身的角色。首先的一个因素显然是人们具有的伦理动机，当然，随着生态危机成了大众媒体的主要话题，这一因素得到了强化。随着边际效用（比一个普通人的钱多出的那一部分的钱）递减，灵魂层面的需求更为显著地被唤醒。比如说，从长远来看，人们不能回避自己的孩子提出的批判性问题。其次，从长远来看，如果人们自己的雇员不再相信他们所做的事情在道德上是可以接受的，那么他们就不会受到激励，他们与企业离心离德，也不再对企业有所认同。这不仅仅从经济的角度对一个公司有害，它还必定深深地伤害那些相信他们自己的使命的领袖。因为不管从心理还是道德的角度来看，让领袖着迷的事情莫过于，他们知道怎样使得人们因一个使命而感到兴奋，"企业家"（在这个意义上，政治家也是企业家）是那些能够激励一群人共同行动的人。领袖在一个企业或国家中施展的使个体走向团结的力量，一方面是为了达到外在的目的，但是另一方面，很明显，共同行动常常在某种意义上被看作是一种自在的目的。自相矛盾的是，如果我们关注自在的目的，那么人们会充满干劲地去实现外在的目的。因此，从长远来看（事实上，是从中期的角度来看），那些想获得成功的企业家不能与他们身处的社会的价值转变相脱节，企业家的大多数雇员若不认同他追求的价值，那么他就会失败。

再次，一个企业自然要依赖顾客对它的反应，更为普遍地说，要依赖公众对于"经济"的印象。很明显，环境灾难损害了这种印象，而且让人们对这一点难以接受。这也就是企业越来越多地谈到"企业认同"（corporate identity）的原因之一。因为当企业对其自身的印象已经错乱，企业自己的认同就成了问题，这也许是由两个原因造成的。第一，我可能认为别人对我的印象已经改变了，这将是每一个普通人都要反思的事情。然而，别人做出的否定判断也许很有可能不符合事实，即使固执的人的固执就在于，他绝不会想到别人也有可能是正确的，但是如果有人在彻底的自我审查之后得出结论，别人的看法改变并没有道理，所以他仍旧拒绝改变，继续前行。由此，我们可以看出，这个人确实非常有个性。第二，自身的价值改变可能造成身份危机，我意识到，基于我认同的新价值，我可能不会满足于我之前的行为。哲学上难以解释的、对自身进行判断的自我意识的能力（这种能力的神秘之处就在于，在其中"法官"和"被告"是同一的，即使在特定的意义上，他们也是有所区别的）当然是人类最为鲜明的特征——它使人（事实上是所有人，甚至是心智上未成熟的人）分出三六九等，也使人与一切动物区别开来，且使人具有独特的尊严。每一种制度只要没有完全僵化和非人化，那么它就也具有这种能力，即使相较于个人而言，制度受到的来自旧例的阻力要大得多，即使对一种新的企业认同的追求不只包含策略性的动机，在这个过程中，这种追求也不是没有可能会发展出更为严格意义上的自身的动力。

因此，为了拯救环境，在我看来，在国民经济的层面上，我们不可避免地要引入环境税，在企业经济的层面上，关键就在于让企业多追求新的自我认同。这两者都有助于在环境保护领域完成从治疗到预防的转型。如果一个企业基于一种新的企业文化和道德，决定不再生产对环境有害的产品，那么问题就可以得到根本的解决[①]；再者，如果相信，国家可以资助一个环保机构，使之能够控制一切新的产品，那么就太荒唐了。今天，从根本上说，国家起到了反作用，它是一个对已经发生的事情做出规定的经济体，人们最期待它对自身做出限制。

一个有道德基础的企业决定将不得不认真考量四个在资本主义经济史的开端并没有考虑的因素——经济因素、社会因素、民主因素和生态因素。人们会因为我把经济效益（Wirtschaftlichkeit）看作是道德义务而感到奇

---

① 参考 G. 温特（G. Winter），《拥有环保意识的企业》（*Das umweltbewuβte Unternehmen*），慕尼黑 1989 年版。

怪，但如果自我保存是一种义务——尤其是对于以更高的道德为目标的制度来说——那么毫无疑问，一个企业也有权利（甚至是义务）从经济效益出发来工作，因为只有如此企业才能在市场中幸存。但是，对于利润的追求并不能让一切事情变得具有合法性，相反，问题在于，如何让这种追求与其他三种需求共容。如果这是不可能的，那么雇员就有说"不"且离开企业的道德义务。19世纪以来，社会承受力作为企业行为的道德原则已经在对片面的经济效益有所节制，这两者的联姻成了社会市场经济的基础。但是，在我看来，如果一个企业考量其雇员的正当利益，那么这个企业就不仅是社会性的——顾客的利益（甚至是所有受到其行动之影响的人）必须也要以公正的决策的方式得到关注。在一个企业中，民主的要求与如何做决策的方式相关。在这里，这种要求有可能与对效率的需求相冲突，人们必须要在这里做出妥协。依照共同决定（Mitbestimmung）的理念，在资本主义经济的企业中，民主的要求创造了历史，在那里，而不是在计划经济中，这种要求已经被实现——虽然还只是刚刚开始。第四个同时也是最后的要求是与生态有关的。在国民经济的总体框架中，同时是企业的文化中要实现的第四种经济——一种生态的社会市场经济——可能相较社会市场经济而言是一个巨大的进步，就像后者相对于 19 世纪的自由市场经济而言是一个巨大的进步那样。

从根本上说，需要生态的社会市场经济的企业家在许多方面与之前的管理者完全不同。他不会把短期的盈利放在首位——他能够把他自己的经济活动放到一个更大的文化语境和一个更为长远的发展规划之中。他所受的教育将会与之前的人完全不同——他的专业化程度会更低，他对自然科学和社会科学都会有基本的知识，且他会持续地接受教育。事实上，当下危机的主要原因之一在于，因为不断变化的世界，我们信息的半衰期在不断地缩短；即使获知新事实会变得容易，我们也很难改变数百年来支配着我们的决策模式的价值。对于那些半辈子把量的增长看作是经济活动的最高使命的人来说，很容易从理论的角度发现，只有保证了可再生性的质的增长才是有意义的，但是他们却不容易相应改变自己的行为。领袖总是没时间，但是他们必须花更长的时间来纠正他们自己的价值体系。生态的社会市场经济的管理者将有能力与最为多样的社会子系统沟通，甚至在其中工作一段时间。一方面，他必须学习科学，另一方面，他本人也会向科学提出精确的问题，而这些问题因为被划分至最被忽视的学科之中，所以几乎没有得到回答。在环境的世纪中，生态的社会市场经济需要一种新的科学，并以此来回答技术文明的紧迫问题，在学科之间、理论与实践的隔阂之间搭建桥梁。因为今天科研工作的学科划分，像"要拯救亚马孙热带雨林需要什么？"这样的问题已经得不到恰当的回答——虽然对此种问题的回答，远比回答早期克鲁修斯（Crusius）的思想来源这样的问题更加重要——前者一定会成为社会的财富。但是，新的管理者尤其需要通过认真对待伦理问题来获得力量。一个企业的人事部门将会越来越需要对人在价值矩阵（Wertevierecks）中的意义问题进行思考和决策，需要对其自身行为的社会和生态成本进行预测和估价。在这种矩阵中行动的能力应当是晋升的标准——而不只看他们为企业提供多少利润。

对于环境的世纪中的管理者而言，纯粹量化的思维将会是有问题的。对于他来说，度（Maß）——变为质的量——会比"永远更多"更为重要。即使他承诺要获得盈利，但他也不会因此而去毁灭人类。这种企业家不仅会为现存的人之外的人的福祉做出贡献——他还会让他自己获得更多的幸福。因为，一方面，通过对于经济的世纪——在其之后隐藏着被掏空的、本身被固化为客体的现代的主体性——的需求做出调整，我们的力量变得更强了；另一方面，主体性这个词的深层次内涵中具有的一种"个性"被夺走了，但是通过调整，这种主体性最终重新变得重要。

从一种自由市场经济到一种社会市场经济的转型，是一个漫长而又艰辛的过程，国家和经济体都同样参与其中。但是，在民主德国，建立一种社会市场经济是一件相对容易的事情，因为在原有体制结束之后，激烈重建秩序就变得既可能且必要，以至于人们超越魏玛共和国的对立，达成了普遍的社会共识。我希望你们的国家能够在引入市场机制的过程中，迈向一种生态的和社会的市场经济。是不是我的这种希望过于大胆？无论如何，这种经济的转型已经被提上历史的日程。我们以何种节奏在国际上引入这种转型，将会最终共同决定人类是否有机会幸存下来。

第五章 生态危机的政治后果

  政治哲学不得不处理两个本质上极为不同的问题。一方面，政治哲学与理想国家的结构有关。另一方面，它处理的是许多更为困难的问题——比如，如今现存的部分国家可以通过何种方式靠近理想国家的理念（即使我们知道它绝不会被实现，但当它作为一个范导性理念时仍旧有效），或者离这个理念越来越远，或者阻碍如今现存的部分国家达到这个理念。从生态危机的观点来看，人们需要对这两方面的问题都做出新的回答：如果为了未来世代而保护这个星球，是现存的国家哲学理所应当具有而又从未被言明的义务（虽然这一义务其实受到现代技术的严重挑战），那么当下的国家哲学的任务就是使这一义务得出制度性的后果——只有人们对这一义务的实现不存怀疑，人们才能不考虑这个问题。对于那些希望保护未来世代之权利的人来说，这个问题尤其重要。

此外，毫无疑问，正是因为现实中确实可能会出现摧毁人性，或者至少是能够使一切失色的灾难，所以国家紧急状态的问题会以一种新的、更为明确的方式呈现在我们面前。[1]不幸的是，只要是有识之士就不会否认，鉴于 21 世纪可能出现的危险，我们需要采用非常手段——即使他们考虑到，对此的论证总是非常危险的，并且对于正在建设民主文化的贵国而言尤其如此。毕竟，有必要指出的是，为了保护环境而越早实施必要的宪政制度，就越不容易步入国家紧急状态。因此，想要避免出现这种情况的理性的人将会希望尽快地建立这种制度。而那些因为这种制度与他们对自由民主的理解相矛盾，因而想要推迟建立这种制度的人，事实上却正是民主的掘墓人。因为如果这么做，就会加速大规模的社会灾难的到来，根据之前的历史经验，我们看到，他们总是在摧毁民主制度。

政治哲学的双重概念会产生一个在我看来黑格尔绝未预见的后果。一方面，黑格尔认为，任何一个正常国家都需要一种伦理生活（Sittlichkeit）———一种以主体间

---

[1] 参看 W. 哈里希（W. Harich），《没有增长的共产主义？巴贝夫和"罗马俱乐部"》（*Kommunismus ohne Wachstum? Babeuf und der „Club of Rome"*），赖因贝克 1975 年版。

性的方式被认可且制度化于习惯中的习俗，它超越了不可预见性和主观的道德观念的任意性，且使得某种一般的行为变得可能。这一点无疑是正确的。从第三次讲座到第四次讲座的过渡，就基于这个理念：假如我们并未改变经济的框架条件和内部结构，而是仅从一个利己的角度来看，道德行动也还是值得一做的，因为道德行动都符合新的标准。简而言之，假如人们不再担心行善会显得愚蠢，那么我们就算不进行道德反思，也会承担起新的义务。但是，另一方面，国家不只预设了这种意义上的伦理生活，而且还必须——在这个变革的时代——本身就为一种新的伦理生活做准备。因此，伟大的政治家必须承担起看似只在传统的伦理生活中才拥有，而在黑格尔看来只有道德才具有的功能。如果新的总体条件根植于一个民族之中，那么人们就会对它的伦理生活产生信赖感。但是当新的价值要确立起来的时候，整个形势就会是艰难甚至非常危险的，而这就会对政治有特殊的要求。让我们把这些话用在生态危机上吧：如果我们对税收体系进行一种倾向生态主义的改革，那么自私自利将会再次遇上道德，并且二者会对一种新的伦理生活产生信赖之情。但是，可以预见的是，在此期间，人们如若要改变当下的总体条件，就必定会面临强烈的反对。因此，有成就的伟大的政治家不得不同时处理道德和（黑格尔意义上的）伦理生活。如果他不仅是一个保持现状的管理者，同时是一个在现实中失败的道德狂热者，那么他将不得不把狂热（它体现为一切严肃的道德反思）与对现实伦理生活之运作机制的精确认知联系起来。

在我看来，为了开始处理政治哲学的第一个任务而为理性的国家做一种新的规定，也并不算是很夸张的事情：社会和民族的法治国家必须同时是一个生态国家。这意味着，国家的最为重要的使命之一必定是对自然资源的保护。一个国家如果仅像大多数西方民主国家那样保护其公民的消极地位和积极地位、主动地位和被动地位，如果这个国家还保证公民的防卫权、请求权和政治权，但却不胜任保护自然的使命，那么它就仍不具有合法性。当然，这完全在权利理念发展的逻辑之中，即认为，未来世代或者自然的权利只有在历史发展的终点被把握，而这恰恰是因为它们①并不是能够独自构成权利理念的、具有主权的主体。但不变的事实是，国家如果忽视历史发展的这个最终阶段，那么就不仅因为国家由此不能达到最为先进的状态而成为一大憾事，而且还彻底地毁灭了宪政国家，因为这削弱了它现实生存的可能条件。

具体而言，何者决定了法治国家的生态特征？我们

---

① 即未来世代和自然。——译注

首先要处理的是法、人与所有权这样的基本概念。在我看来，对法治世界所做的经典二分必须要在人和物那里得到修正——很明显，这种二分与笛卡尔把现实世界分为思维物（res cogitans）和广延物（res extensa）有关，而这是导致生态危机的最深层次的原因。有机界，作为一个单独的本体论领域，协调了没有生命的自然和人之间的关系，而人对自然施予的强力——人也潜在地对自身施予暴力——本身也来源于这一有机界。但是除此之外，我们已经看到，有感知能力的动物——特别是生态系统——具有一种不仅捍卫道德而且还捍卫权利的本体论尊严。动物保护法——特别是保护群落生境和种类的措施——是有意义的，更不用说胚胎保护法了。不过如果因此人们就把胚胎当作人，那么它就会变得太肤浅了。动物这时就变成介于人和物之间的法律主体的一个独立类别了，而这无异于使我们向生态国家的理念前进了一大步，所以这种做法会受到人们的欢迎。

对于所有权概念的修正甚至更具基础性的意义。它与现代性的自主性理想（以及中产阶层的主观性独有的心理结构）相一致，以至于从原则上说，现代意义的所有权是完全的产权，虽然必定还存在着一些对于这一原则的限制。比如，黑格尔就为这种不受限制的所有权辩护，而费希特则把所有权理解为使用的概念，因此教导在一个区域——比如一片森林——的各方所有人要互相协调并存。[①] 我认为，从生态的角度来看，对费希特的所有权概念进行一番更新是一件特别值得期待的事情。在我看来，那些拥有生命攸关的再生能源（可能是海洋，也可能是热带雨林）的所有人，并不具有毁灭这些资源的权利——这些所有人只能享用这些资源的成果，但是必定不能损害人类共同的自然资本。为了避免后面这种情况发生而把个人所有权转为公共所有权，既不是一个必然条件，也不是一个充足条件。不论从逻辑的角度，还是从经验的角度来看，公共所有权被滥用这种情况都不能被排除——除非本国的法律（我们可以在前现代的文化中发现某些这种法律）对此加以禁止。那句众所周知的话（"我们只是从我们的孩子们那里借来了地球"）所说的正是可以想象的这些事情：人类生存的可能性条件必定不能毁在某个人或者集体的手上。我将会讨论这句话的国际法后果。

关于生态友好的所有权概念，以下将是一个不那么具有基础性，但是非常有用的方面。众所周知，我们这个"用过即弃的社会"（Wegwerfgesellschaft）的主要问题是产生了极多的垃圾——对于"第一世界"而言最为

---

① 《自然法权基础》，前文已引，第三卷第 217 等页（参见 X 章第 546 等页）。

尴尬的事情莫过于出口剧毒垃圾到"第三世界"国家，没什么事情能够比那些"飞翔的荷兰人"的"后裔"（即那些装载有毒货物的幽灵船，它们在大洋间迷路且最终以某种方式使它们的货物消失）更为极端地勾画出当下的情境已经不可持续到何种荒唐的程度。这整个问题——生产商和消费者都要为此负责——在某种程度上只能从根儿上找解决办法，比如我们买了果汁，那么装果汁的瓶子的所有权仍旧由商店享有，而只有果汁的所有权由购买者所有。这样，人们就有一种法律上的义务去归还瓶子，并且故意违反这一义务的人可以被追究刑事责任。类似地，如果人们可以租车甚至不用汽车，并且最终必须把这些原材料归还到制造商那里，那么废车处置场的数量就会急剧减少。如果发行商保有报纸的所有权——毕竟有趣的是其内容而非其物质基础，以至于报纸在过几天之后就要被收回去，那么人们就可以不用回收报纸去做材质更差的纸。如果用可以洗去的油墨去印刷报纸，那么同样的纸张就可以被重复使用。

如果把我们行为的后果极端化来看，那么有关责任的民法和刑法的概念也必须要被修正，"权力越大，责任越大"这句话也适用于这里。法律责任（Haftungsrecht）——比如举证责任——的改变将会有助于限制那些破坏环境的行为。我们必须无条件地肯定构成损失担保

（Gefährdungshaftung）[①]之基础的法哲学思想。任何想要拥有危险器械的人都承认，在原则上，这些器械可能会引发出乎意料的后果。因此，无论是故意还是疏忽，他也必须要为此负起民事责任。比如在美国，人们可能还是对"制度是否应该负起刑事责任？"这一问题莫衷一是，因为，固然我们可以做出功利的论证，但是与自主性原则紧紧联系在一起的正义理念的基本要素不能作为代价被牺牲掉。当然，人们只能通过强制的手段来执行环境刑事法（即使第四次演讲中所说的以市场为基础的手段同样拥有其不可取代的必要性）。比如，如果我们对一个在商店里扒窃的人的法律惩罚和社会谴责比对一个为赚快钱而夺人生计的人的惩罚和谴责更加严厉，那么正义的理念就会处于尴尬的境地。在我看来，我们必须在善的与价值的等级制度中达成共识，以适合现状的方式运用《德国刑法典》的第 34 条。众所周知，在一种合法的紧急状态之下，如果有必要保护一种更高层次的法益（Rechtsgut），那么侵犯一种较低层次的法益就不算违法——比如，如果为了拯救人的生命就必须干涉外国人的所有权，那么这种干预就是被允许的。但是，基于同样的原则，为了保护环境（即不侵犯一些核心的法益），

[①] 又称严格责任、无过错责任，指在损害发生的情况下，即使不存在过失，也需要承担损害赔偿责任。——译注

一些行为难道不应该被允许吗？相较维护一个生产氯氟烃的企业的房屋权，提高对氯氟烃危害的敏感度难道不是更加有助于保护一种更高层次的法益吗？简言之，为维护绿色和平而采取的相应的行动难道不是不仅应该被看作道德的，而且还应该被看作合法的吗？

如果我们转而考虑宪法问题，那么我们要面临的更为严重的问题将是生态危机的法律后果。我相信，现代科技已经以一种极为独特的方式削弱民主的经典论述。众所周知，这种论述是，受到某个决定影响的人必须要自己做出决定，这是使自己的合法利益免受长期侵害的唯一方法。这种论述本身不应当被动摇，除非当下的民主形式是不合法的。因为我们的日常决定远远超出了国家的空间边界或世代的时间限制，而即使在某种意义上一直以来都是这样，如果有人忽视存在于古代与现代科技之间的质的区别，忽视决定之后果超出决定者本人的这个过程其实存在着古今之别，那么这个人无非是在假扮天真。在某种程度上，我们不需要先成为一个马克思主义者，再承认量变导致质变这个道理。

我们的决定本身并不违法，因为还没有程序化的机制，让受到这些决定影响的人的利益得到保证。这种机制会是什么样的呢？在我看来，引入这种机制——而不是限制那些活着的人做决定的自由——并不对民主构成限制，而且还事实上推动了民主的实现。当人们探讨如何实现民主的时候，人们可以宣称不会盲目地满足于相信君主制的好处，不过这种宣称立足的论证如若要得到效验，现在就必须努力使未来世代的权利获得制度保障。但是，这里有一个重要的区分：随着君主制过渡到民主制，那些受到决定影响的人有可能被直接纳入做决定的过程。在今天，即使怀着最好的意愿，这也是不可想象的——因为未来世代还不存在。我们能做什么呢？在第三次讲座中，我已经指出，我们应当朝哪个方向去寻求解决问题的方法——我们需要在准宪法的框架下容纳一种与民法的监护人相对应的设置。

这具体是什么意思呢？首先，在我看来，绝对有必要把环境保护贯彻到各条文中（最好是不受法律保护原则的限制）。有宪法法院做合宪性司法审查的国家——总体而言，成立宪法法院进行违宪审查的做法是值得推荐的——存在着对立法机构的判决提起诉讼的可能性。但是，在这里存在着一个关乎事情本质的问题。归根到底，宪法法院仅具有消极的立法权——它能够推翻被视作违宪的法律，但是它不能自己立法。事实上，唯有当人们坚持分权思想的时候，宪法法院才被看作是有意义的。但是在环境保护的案例中，这就会引发特别的困难，因为它本质上取决于积极的法律，而不仅是对现成法律的废止。当然，我们不能毫无例外地到处运用这里所说的这种限制消极立法权的原则，如果德国联邦宪法法院宣布，修订后的引入堕胎的期限规定的第218条条款违宪，那么彻底推翻第218条就会导致堕胎被完全允许，而这有违法庭判决的初衷。因此，联邦宪法法院会临时受理堕胎案件，直至出台一部符合宪法的法律为止。事实上，这里依据的是从单纯的消极地位转向积极地位的逻辑，如果宪法不仅保证公民免受国家侵害的权利，而且还保证公民享有向国家请求获得特定服务的权利，那么宪法法院就必须能够在特定的条件下强迫立法者制定积极的法律。但是，不用说，这只能在特殊情况且不削弱分权制度的前提下才能被允许。

很明显，环境保护不仅会对宪法法院产生影响，行政法院，甚至是刑事法院和民事法院，都一定会越来越需要处理有关环境法的问题。还没有人知道，法官是否已得到足够的训练，能够在专家的帮助之下适当地对这些问题做判决。人们必须要接受训练，他们除了要在法律教育领域受到训练之外，还需要具备一种基本能力，使他们能够全面解决现代工业社会的生存问题。在我看来，未来的法官不能仅具有司法人员（Juristen）一种身份——因为积极的法律的目的不是其自身，而是能够以积累共识的方式处理问题的最为公正且常常是最有效的手段——未来的法官还需要对实质性的事实问题有所认知，尽管对于一个法官来说，基于他所受的社会科学教育，他会更加容易接手经济类案件，而不是生态类案件。

在政府内部，环境部部长的角色也需要大大被提升：环境部必须成为一个能够与外交部、内政部、经济部和财政部相比肩的、其中的官员能够晋升至总理职务的关键的部门。（格罗·布伦特兰是迄今为止唯一出自环境部的首相——因其著名报告《我们共同的未来》，他曾经担任联合国环境与发展委员会的主席——这绝非偶然。）他在内阁中的声音必须具有特殊的分量——在我看来，环境部部长有必要拥有否决权。很明显，迄今为止这一权利是由财政部部长享有的——虽然这是对的，因为现代民主很容易倾向于牺牲不具有选举权且并不在此刻活着的人的利益，来给予活着的人或有选举权的人以好处（国债正是这种不负责任的慷他人之慨的表现），而财政部部长还有义务为这种倾向做辩护。当然，类似的强论证也适用于环境部部长——相较无止境地损害国家金融资本的国债而言，破坏自然资源甚至是更加不负责任的。因此，某些事实上明显不合逻辑的事情就发生了，比如，一些从经济的角度忧心国债的批评者根本不想了解保护环境的严厉措施。相反，足够奇特的是，当某些环境保护者拒绝国家发行更多的国债的时候，他们居然没有想到他们的提议需要获得足够的资金支持。

　　当然，我这么说并不是要为维持目前的政府中环境部的预算而做论证——尽管联邦德国环境部的预算仅仅比法兰克福市的文化预算略高这样奇怪的事情绝不鲜见。虽然环境税的目的之一是要削减国家在环境保护过程中的费用，但是环境管理的提升还是必不可少的。比提升数量更为重要的是提高质量。与此同时，还必须把现在由不同的部门各自负责的零零散散的环境保护的任务集中到一个核心部门当中。最后，联邦环保部必须公开地被赋予类似联邦劳工署（其每月报告极大地吸引了人们对现代经济引发的社会问题的关注）那样的重要意义。如果依照我在上一次演讲中采用的 J. 费舍尔（J. Fischer）的建议，[1] 联邦环境部的部长也每月在电视上汇报在环境保护工作中的成败得失，那么这将会与从福利国家到生态国家的过渡相一致。

　　立法者是否具有合法性，显然越来越取决于他是否具有理解且充分地回应环境问题的能力。在现代法治国家中，议员明显不再仅仅代表其选民的利益——他们代表的是整个民族的利益，并且他们应当清楚地意识到，"整个民族"不能仅被理解为现在活着的那些人。议员应

---

① 他具体的建议记录在《工业社会的改造》(*Der Umbau der Industriegesellschaft*，法兰克福 1989 年版）这本书中。

获得相应的知识，且相应地减少政策的花架子，这样他们就能够抽出必要的时间用在制定相关政策上了。但我也在想，议会是否应当成为代表未来世代和自然利益的机构的一个部分。（在我看来，这个建议比最近人们在设想的依据儿童数量的多重选举权更好。）一旦机构的成员不必拥有投票的权利，而是拥有在议会中发言的权利，那么这种机构就必须要经受在各自专业中受到认可的专家的检验，这些专家必须把彼此看作未来世代的监护人，并且就此在所有重要的法律领域都倾听他们的声音。这个机构的成员并不由直接的选举产生，而是基于他们是否有能力照顾被监护人的利益而被提名。相应地，他们应当一部分由国家总统或宪法法院任命，一部分由议会从一群具备资格的候选人中选择，在这个过程中不应受政党政治的观点左右。即使这个机构无权现实地做出决定，但是它的道德权威可以变得非常大，并且对立法产生正面的影响。

汉斯·约纳斯最近对古罗马的财产调查局的社会功能做了追溯：这种社会功能在于以批判的方式控制政治精英的奢侈。[①]虽然这样一种制度可能与现代精神相冲突，但是汉斯·约纳斯触及一个非常重要的点：像古罗马这样

---

① 《时代》(Zeit) 1989 年 12 月 29 日，„Ende des Kommunismus-was nun?" 研讨会特别附录。

一个在各领域都具有后来的启蒙运动难以望其项背的政治智慧的国家能够清醒地意识到，政治精英应当成为所有人民的表率。如果他们不能成为表率，那么他们就背离了他们的使命。这样的国家尤其敏锐地感受到了奢侈引发的道德危险①——请想一想西塞罗在《法律篇》第三卷第30页中对卢库鲁斯（Luxus）②的轶事的描述吧。而毫无疑问，这些危险在生态危机的时代已经变得更为严重。因此，政治家应当至少想要通过生态友好的行动来进行一种自我克制，而人民应当拒绝选择那些不能进行这种自我克制的政治家。

一个民主的决定并不因为它是大多数人想要或者议会想要的，就成为对的，一般而言，认识到这一点是极为重要的，我们只能基于事实的论据才能判断一个民主的决定是正确还是错误的，而民主是一种相对更优的国家形式，正是因为它能够通过追寻真理的方式，避免更加严重的错误。一种民主制度的质量取决于它解决实际问题的能力；一种可以想见的不幸是，如果民主制度的领导人集中精力于权力斗争，且不能解决甚至理解实际

① 关于作为现代社会的原则的奢侈，参看 J.K. 加尔布雷思（J. K. Galbraith），《富裕社会》（The Affluent Society），哈莫兹沃斯 1987 年版。

② 卢库鲁斯（公元前 117—前 56），古罗马将军和执政官，以举办豪华盛宴著称。——译注

问题，那么这种制度就会越来越衰退。民主只有节制自己不去那么过分地庆祝、自夸自己是更优的国家形式，而是把这种国家形式具体化在解决实际问题的能力之中，这样它才能克服生态危机。在我看来，一种民主制度当然必须要有适当的程序来训练领袖。一个国家的领袖会因为他的国家所处的历史位置而具有不同的能力，在环境的世纪，国家的领袖会聚焦于生态学。政治和社会精英的教育（以英国和美国为例）不仅能与民主制度共容，而且还是后者之所以优秀的条件——尤其在精英的资格不能继承且精英没有社会特权的情况下。对于适应历史情境的挑战来说，精英的知识和价值当然是至关重要的，否则它们就会成为一种反动的因素。

在对过度的量化思维进行批判之后，我们还必须要在地方的环保政策方面有关键进展。并不是一切问题都可以在全球范围内得到解决。如果我们不再幻想那些无意义的大型项目，那么环保政策就一定是要扎根在城市中，甚至扎根在人们自己的房屋里。环保城市和环保房屋当然也能够促使人们为参与全球层面的环保事业而做好准备。事实上，在我看来，房屋和城市——作为19世纪以来人们共同居住的两个传统的空间单位——过度扩大的趋势，最后会造成生态的"Oikos"——即自然的房屋——的毁灭。一方面，人口增多、工业化和现代主权国家的形成必然造成城墙被拆毁，毫无疑问，在这个过程中的某些时刻确实包含自由的因素；另一方面，炸毁边界只不过是自由的一半，如果自由是具体的，如果自由不愿其自身仅仅是一种抽象的东西，那么它本身必须要有新的边界——它必须能够与那些"以永远更多为目标的潮流"（Trend nach dem Immer-Mehr）划清界限。高楼和现代都市的建设准则同时是对边界和尺度的抽象否定——它们要么纵向扩展，要么横向扩展。曾经存在于三种现实的人类空间——房屋、城市及其附近的自然——之间的隐秘均衡（比如那些无意间吸引了每一个游客来到一个意大利中世纪或文艺复兴的城市的均衡）已经不可逆地被现代都市中类似于筒仓的现代建筑摧毁。而对这种和谐的摧毁也已经很大程度上导致现代人的精神不再能够感觉到宇宙的和谐，并且在同化过程中再也找不到差异化的价值。

环保的城市和房屋设计意味着，它可以尽可能回收它们所制造的垃圾，而不是把这些垃圾推到其他地方，环保的设计还进一步地意味着一种更大规模的分散式能源供应。唯有这样，人们才能更好地为自己的消费产生的后果承担责任——如果这些后果不断地呈现，而人们不能够缓解这些问题的话。在环保城市中引起污染的私人交通方式的使用必须要被降到最低限度。当然，因此，人们就需要在工作地与生活地之间做另外一种安排。城市规划是一门拯救环境的关键科学——其急迫性绝不下于农业的转型。在西欧，农业化学使超量生产成为可能，人们可以通过某种方式进行这种超量生产，更加令人感到心情沉重的事情莫过于，人类的农场——就其本性而言与自然最为相关——成了最大的污染源。世界范围内的粮食生产越来越依赖于更少的植物和动物种类，而其中的危险远甚于单一种植的增产得到的好处。

不可避免，环境保护必须要从较小的规模开始，但是除此之外，在我看来，如果相信这样做就可以解决威胁人类生存的生态问题，那么就是大错特错了。本地的行动和全球的行动必须形成互补——在任何可能采取行动的地方，都必须要采取行动。如果环保政策只在国家这个层面单方面地执行，那么世界气候就不能保持稳定，臭氧层也会不断变薄。环境方面的对外政策一定要尽快成为对外政策的主要组成部分——正如在经济的世纪，对外政策的主要任务是管制国家间的经济关系。是的，生态危机迫使人们要通过现实的强力来形成此前没有的国际组织。很明显，普遍国家的理念已经在希腊化时代以来的政治哲学中扮演一个角色，现代法哲学的合法性基础的证成很大程度上依赖于康德的方式。[①] 只有普遍国家可以实现法的理念，因为只有它才能消除残留在国家间关系中的自然状态——在这种自然状态中，没有大家认同的法官来进行管制，在万不得已的情况之下只以强力来做决定。当然，在康德的时代，他的理念还只不过是一种道德的、应然的诉求，人们不可能出于现实政治的理由来实现这些理念。正是有了现代技术，事情才有了改变。毫无疑问的是，技术一方面使人有可能以前所未有的程度实现法的理念，另一方面，它也使人有可能把自己全部毁灭——悖论处就在于，前一方面恰恰以后一方面为基础（这很好地体现了人性：为了认真地考虑实现法的理念，人性需要末世的可能性）。现代技术的以下三个方面体现的是人朝向普遍国家的结构努力时的自私本性。

首先，一种世界经济的出现会使得国内经济的稳定不再依赖于其自身。"第一世界"国家仍旧希望从当今世界经济的短期和中期的不平衡——其"国家－社会主义的"深层次结构在第一次演讲中讨论过了——中获得更多的利益，而不存在着一种为世界负责的经济政策，而这也就是为什么世界经济本身绝不能够促成一种普遍国

---

① 伊曼努尔·康德，《论永久和平》（*Zum ewigen Frieden*），柯尼斯堡 1795 年版。

家结构。（我会谈到"普遍国家的结构"，是因为我猜只有为数不多的主权国家才有资格得到委任，到中央权力机关处理关乎人类生存的大事。）

人们已经证明，现代武器技术的发展变得更加重要——它使得运用大规模杀伤性武器取胜的战争变得名不正、言不顺。人们正是看到了这一点，所以才终结了"冷战"，但是，这种洞见绝不会促成普遍国家的结构，而只会导致核武器拥有国之间达成某种合作（这当然会导致许多国家想要成为这个高级俱乐部的一员）。事实上，现在确实有机会建立一个"从符拉迪沃斯托克到旧金山的欧洲"，即华约和北约能够建立一个新的军事机构，来为具有欧洲传统的国家抵御"第三世界"国家。我知道，你们中有很多知识分子非常希望有这样一个联盟出现，并且希望东西之间的斗争可以被北南之间的斗争所取代。他们已经准备好牺牲苏联的国家统一来排斥各伊斯兰共和国的联盟，他们最喜欢用北南之间的"铁幕"来取代东西之间的"铁幕"。虽然我也承认，这个想法将在不远的未来中扮演一个政治角色（特别是当苏联解体之后，一些主权国家成为新的拥核国，其间危险加剧的时候），但是对此我绝不会完全赞同。首先，我不赞同是出于道德的原因，一些人心心念念的政治的上层结构（即使他们宣称这是出于好意）加剧了对"第三世界"国家的剥削，至少使它们陷入贫困。[①] 当然，"冷战"的终结也让"第三世界"国家大大地松了一口气——我所指的是代理人战争这一世界历史中最为可恶的现象的中止。但是，总的来说，"冷战"的终结进一步弱化了"第三世界"国家的战略意义和力量。

其次，我不赞同这个想法的原因是生态危机，这个原因同时也是促使以普遍国家的结构为目的的发展的第三个且决定性的动机。任何相信没有"第三世界"国家的参与也可以解决环境问题的人都犯了一个致命的错误，尽管如果人们意识到，要把本已严重的生态危机问题与"第三世界"的问题联系起来，那么就会增强人们的悲观情绪，尽管把一部分人与另一部分人分离开来不再可能，但是人们从中认识了一种更高的正义：我们都在一条船上，不管是西方的人还是东方的人，是北半球的人还是南半球的人，而如果我们开始与自己人争论不休，那么船就一定会沉没。今天，"这个地球上必定会死的人"（Verdammten dieser Erde）不再是一个道德的问题，而是突出的政治问题。在我看来，你们的国家的历史意义甚至使命恰恰就在于，它既属于"第一世界"的文化，也属于"第三世界"的文化，而如果你们成功地发展你

----

① 参看 F. 福娄贝尔（F. Fröbel）、J. 海因里希斯（J. Heinrichs）和 O. 克莱（O. Kreye），《新的国际分工》（*Die neue internationale Arbeitsteilung*），赖因贝克 1977 年版。

们国家所有人民都理解的一种新的、后马克思主义的爱国主义，那么你们就会可能为人类指出一条道路。因为你们国家的命运绝对决定了我们的未来。

为什么"第三世界"的问题——它不是本次演讲的主题（虽然它像环境问题那样是哲学思考的对象），我在这里只是在关注环境问题的时候顺便思考这个问题——如此复杂，以至于它看起来完全没有希望得到解决，至少许多与之有联系的浪漫空想都失去了。在我看来，关键的原因是，如果把现代工业社会的技术成就传播到没有把现代法治国家的内在原则内在化的文化中，那么它会造成相较西方人对现代技术的运用而言更为可怕的后果。我们已经看到，这无法解释，为什么西方人不能在感知的世界（Merkwelt）和行动的世界（Wirkwelt）之间取得和解，但是西方人至少具有某种形式的理论和实践的合理性，能够生产这些人造物，而且还能够掌控这些东西。但是，如果一个人用封建的或纯理论的，甚至部分还用魔法的范畴来思考政治问题，但现在却突然拥有了核武器，那么你认为这个人会做些什么？这种状况很可能不利于（因而也不可能）阻止"第三世界"国家拥有核武器或化学武器。

我们的世界的不同时性（Asynchronie）是我们的治理面对的主要问题，不同发展阶段的文化一起生存，且在每一种文化中都存在着诸多层面，不同的发展阶段造成的不同层面，并且这些层面遵循的逻辑也互相矛盾。鉴于这种可怕的情境，我们首先看到，最为关键的事情莫过于推动不同文化之间的互相理解。为了发展出一种普遍的共识，人们的使命是在每一种文化中找到互相关联的具体的道德价值。与此同时，在一切共同的事业上做决策的时候，人们必须分清不同的经济和政治行动奠基的不同传统和精神气质之间的差异，且必须认真地考察这些差异。

最后，需要对"第一世界"国家和"第三世界"国家之间的政治关系做一个基本的澄清。一方面，必须说清楚，出现当下情境的主要过错在"第一世界"国家。它们把自己的价值强加给"第三世界"国家，它们要么无情践踏那些有机地成长的、与自然和谐相处的文明，要么把这些人类历史中独特的文明拉入现代性之中。殖民所犯的罪（部分是以基督教的名义犯下的罪，但毕竟其间也出现了一个德拉斯·卡萨斯和一个维埃拉①）一定会让每一个欧洲人脸红，更别说，我们已经认识到，"第一世界"的国家的经济利益加重了"第三世界"的环境

---

① 德拉斯·卡萨斯（Bartolomé de las Casas, 1474/1484—1566），首位在美洲得到圣职任命的神父，反对奴隶制。维埃拉指指安东尼奥·维埃拉（Antônio Vieira, 1608—1697），在巴西传道的葡萄牙耶稣会神父，反对奴隶制。——译注

破坏："第一世界"国家参与到破坏环境的大规模工程之中（其唯一的经济后果是"第三世界"国家的债务危机），而很明显，这并不符合博爱的精神。

然后，同样必须强调的是，对欧洲中心主义的一切批判和一切罪恶感，都不会导致人们接受甚至支持"第三世界"国家领袖的时常对其人民和环境不利的荒唐政策。人们应当继续为那些短期内并不对"第一世界"国家有利，但长远来看对"第三世界"国家有利的事情创造条件——人们应当捍卫"第三世界"国家及其自然的利益，使之不受其腐败的领导阶层的损害。即使某些愿望与"第一世界"国家的短期利益相符，但不符合道德和得到正确认识的中期利益（例如一个国家不能有效地利用，而只能用来充门面的宏大技术），那么这些愿望也很难实现。发展援助不应该使人产生幻想，认为上流阶级可以立即赶上西方人的生活标准，而在中期阶段也能让上流阶级之外的其他人赶上西方人的生活标准。我已经说过很多次，这种生活标准并不是可普遍化的（除此之外，特定的、为资本主义之胜利奠基的次等级德性并不适用于一切民族，而且也不可能在短时间内达到）。但是，只有当"第一世界"国家建立起一种环境友好的经济之后，它们在道德上才有权利坚决地摧毁这种幻想。

请你们不要误解：我相信，就保证人类之存续而言，发展援助是极为重要的，并且我也坚信，发展部也必须成为像环境部那样的关键部门。斯多亚派经典的"视为己有"（Oikeiosis）的理论认为，我们对遥远的人承担较少的伦理义务。不过在我看来，这种理论必须加入对穷困程度的考量，且应当做这种补充。如果从我的饥饿的兄弟那里克扣下面包，而把它给一个陌生人，那么这当然是不道德的。但是如果我们必须要满足相关各方的不同需求的话，那么情况就会不一样了。如果我问，是要买一件皮裘给我妹妹，还是把相应的钱给"第三世界"国家中的饥饿的人，那么选第二个选项就会是一个道德的选择。相应地，当现代的福利国家在内部不管公民穷困与否，都一视同仁地实施收入分配制度，但在对外关系中所做的贡献却常常与其自身的经济能力不相匹配的时候，那么在我看来，现代福利国家所谓的道德就是有国界之别。当然，有意义的发展援助并不只是要减轻当下的灾难，它还必须给可持续发展创造总体条件，而这些总体条件之中就包含环境保护。因此，西方公司如果在"第三世界"国家开办分公司，就应当遵守与"第一世界"国家的分公司同等的环保标准。

是的，在我看来，生态系统关乎全人类的命运，它对于全人类（比如，全世界的气候）都影响重大，所以在这个问题上，单个国家的主权观念就变得不合时宜了。

正如上文所述，主权观念绝不是历史的目的；相反，在我看来，现代世界的主体性领域表现为，人们否认对自然、儿童和未出生的儿童负有道德和法律的责任，且把经济价值局限在人类劳动的产物之上，是因为整全的、活着的自然被转换为广延物。无论如何，在当前这个时代，我们必须要对此加以关注——但是这一切的前提是，一个国家的绝对主权不会威胁到其他国家的存在，或者它不会践踏其他国家的内政。只有当每个个体，如同国家那样，不把自己的命运交付给他人的时候，他才能走他自己的道路；否则，不管他人是否对他负起责任，他自己就已经不再拥有有限的自由。当然，"第一世界"的国家对它们的前殖民地发动的军事干预行为，并不因为出于环保的目的就变得不那么道德败坏。在我看来，只有国际组织才具有发动这种生态战争的权力。我们必须要首先想方设法以订立契约的方式来拯救"第三世界"国家的环境——富有的国家必须准备好为此花钱，且必须不能只以免除债务的方式来花这笔钱：一个拯救环境的马歇尔计划（一定伴随着严格控制的条件）是绝对必要的。[①] 发达国家承担这种义务，首先是因为当下的情况十分复杂，其次也是因为限制"第三世界"国家的环境破坏有利于其自身的利益。在这种

---

① 参看 L. 维克（L. Wicke）、J. 赫克尔（J. Hucke），《生态的马歇尔计划》（*Der ökologische Marshallplan*），柏林 1989 年版。

相互关系之中，进行社会条件（比如，当今人口统计学中的大迁移趋势，环境破坏的主要因素之一）的转换是极为重要的。在为环境而斗争的过程中，在"第三世界"国家中建立健康的社会关系是最为重要的使命，而随着"冷战"的结束，人们可能也就不会再不由分说地把美国的社会改革家当作全世界社会主义的代理人。

在上文中概述过的、关于国内和国外政策的考虑似乎说明了，原则上我们的问题是可能以理性的方式得到解决的。但是，如果我因此宣称，我非常坚定地相信，人们可以适时地避免全球范围内的灾难，那么我就是在撒谎。我对此没有做出任何先天的保证，甚至我还没有对"人类不会毁灭自己"这个命题做出先天的证明。真正引人担忧的不仅是第三讲中描绘的心理学机制，更为重要的是难以估量的时间因素。现在真的已经是十二点差五分钟了，或者我们还剩下了十分钟的世界历史时间？但是，正是因为我们不知道这一点，所以我们必须采取必要措施来拯救环境，并且越快越好。

然而，如何通过行动实现那些我们已经正确地认识到的东西呢？很明显，此时社会压力是必不可少的。迟缓的政策会使事情无果而终，除非越来越多见多识广的、固执的公民给执政者和管理者提交具体的建议，并且明确指出，他们不再认为那些不做事的政府是合法的。与此同时，我们急切地需要领袖们不再抽象地看待环境问题，而是真正被环境问题触动。我们需要更多这样的政治家，他们一方面用生态学范畴来适当地评价我们环境的状态，另一方面，他们能从自己的视角认识"第三世界"国家的问题——因为这会激励人们不仅多读书，而且做更多的事情。人们总是过于重视那些拥有政治学等社会科学学位的人，不重视拥有生物科学学位的人，而在环境的时代，这一偏向必须要纠正，最为优秀的莫过于那些既懂得两种科学，又知道如何系统地思考问题的人。

建立一个环境保护的优先序列是极为重要的。更好常常是好的敌人，我们难过地看到，通常上流人士把精力放到那些受人欢迎的任务上，而在当今的情形之下，这些任务其实远远不及其他更为根本且更为急迫的任务重要。比如，温室效应和世界范围内的侵蚀造成的土壤流失，是比保护特定的蝴蝶种类更加严重的问题，而过于专注后者就会使人不再有精力和资金去关注其他任务。人若拒绝忍受小恶，则必然会陷入更大的恶，所以不能忍受小恶——这是政治中的道德至上主义者的根本毛病——将会是危险的事情，现在还没有足以替代垃圾焚烧的更优方案，而如果一味反对垃圾焚烧，就只会加剧我们的环境问题。我们需要一种现实的生态政治，因为只有我们具有这样的愿景，我们才会有所成就。如果人们提出高尚但却不现实的理想，那么结果就是，现状会以一种奇特的辩证、反转的方式得到维持。此外，在范式转换的时代，现实政治意味着，如若要让人们理解，新范式的价值和新的敌友设定由谁来承担，也就是说，在人们严肃地对待他们大概必须要说谎这一事实的时候，我们必须要说旧范式的语言。因为不是每个人对于新价值都具有道德上的认同，因此通常人们具有的其他的自然力量必须被动员起来，投入合理的事业之中。如果戴高乐在1958年就宣布他关于阿尔及利亚问题的愿景，那么他就不会让阿尔及利亚去殖民地化，也许一个讲求环境政策的戴高乐除了首先隐瞒他在台面之下的关切之外别无选择。再举一个更无害的例子：即使捕猎海豹不是最为严重的生态问题，然而与许多更为严重且更为抽象的环境灾难相比，它在情感上给人的影响是完全不同的，因此，如果把它作为工具来提升公众的环境意识，或者拿类似的事件作为诱因来深化不直接与之相关的改革，那么它就是有意义的。民主国家的政治家恰好必须掌握罗斯福、丘吉尔、戴高乐这些20世纪最为重要的民主国家的政治家一再使用的策略，而不理解这一点的人会把它谴责为没有效率，甚至它会加速那些使国家陷入紧急状态的危险。就给我们造成威胁的危险而言，这种国家紧急状态比我们这个时代中的其他一切威胁更为惨烈。

善良的同时代人太容易通过减少他们在解决生态问题方面所做贡献的方式，来证明哈里希意义上的生态独裁是一个极大的恶——当然，这种生态独裁是一个可怕的恶，但是如果民主不能解决生态问题，那么生态独裁就必定会出现。[①] 我认为，围绕最后的资源会产生一种生态独裁，甚至是一场在不同的生态独裁之间展开的、粗暴的分配斗争，这会使得当代世界政治的"国家-社会主义式的"深层次结构，以某种我不敢想象的方式浮出水面，从而成为真正的危险。因此，我把迅速引入必要的改革看作一种绝对的道德义务。

然而，不能仅从拒绝和恐惧那里获得动员的力量——对于道德来说是如此，对于政治来说也是如此。因此，仅仅激化危险意识是不够的，即使这是极为重要的。我们必须认识到，当代的人有责任改变人类发展的进程，如果我们不迅速地做出新的改变，那么人类就会向下沉沦。我们必须要意识到，当今的世界病了——它已经部分上自外于整体，因为不再有可供它求助的精神上的统一点。

但是，伟大的政治家还必须是有一种围绕自在价值之目标的愿景。这是什么样的愿景呢？有人认为，尘世

---

① 独裁能够产生的前提是风险社会，而不是单个人的邪恶意志。关于风险社会，参看 U. 贝克（U. Beck），《风险社会》（*Risikogesellschaft*），法兰克福 1986 年版。

的幸福就在于满足一切可能的需求，且满足人类一切彻底征服自然的欲望，只不过正如汉斯·约纳斯在与恩斯特·布洛赫争论时指出的那样，[①] 这是一个妄想，是一个既不现实又毫无任何内在价值的想法。事实上，新的愿景的核心点必须是人与自然的和解——这种和解并不是要抽象地否定现代的主体性，而是要"扬弃"它，且在一个更高的层面上回到古代人对宇宙的虔诚中去。（即使是曾经最为激进地提倡伦理和自然之间的二元论的康德，也在敬重道德律的同时不忘对星空给予赞叹。）启蒙的理想必须被包含在这种愿景之中——比如，消除地球上的饥饿是每一个道德愿景的不可或缺的环节。但是，消除饥饿并不意味着期盼一个流淌奶与蜜之地，对苦难的克服并不意味着越来越多、层出不穷的新的愿望。确实仍旧需要有进步——但是这种进步应该不忘其来源，应该怀着感恩之心来照料它的自然的和精神的前提。

如果我们成功地让年轻人认同、获得这种愿景，那么我们就有机会解决自己的问题。这不仅是因为年轻人天生就有不寻常的理想主义的能量——如果丧失了这种能量，就会给一个社会带来不好的影响。在这个具体的例子中，理想主义也与自私相一致：因为从个人的

---

① 《责任原理》，前文已引，第 316 等页。

角度来看，保护环境的意义对于年轻人来说比对于其他任何人都更加重要。如若国家的教育能够得到改造，一方面能够让学生知道环境保护的基本情况，另一方面能够让学生知道这项任务的道德意义，则善莫大焉。同样，如若国际上的环境学院首先重建大学的理念，使得教授和学生能够同属于一个生命共同体且追求整体的教育，其次增强来自不同国家的未来领袖之间的情感联结，则善莫大焉。

当代的世界文化是有史以来被编织得最为复杂的挂毯，我们现在知道，它的底色——人类主体希望达到对世界的统治——永远地破坏了挂毯上的图案。我们能够把这一图案从它的底色那里完全分离，而又不摧毁其精美的复杂性吗？这就是我们今天面对的任务，至少可以说，我们现在面对知识的、道德的和政治的挑战，可能使我们不知所措，但至少没有给我们留下完全不再需要当代文化的感觉。